ZOUJIN AOMI

令孩子着迷的

走进奥秘世界

LING HAIZI ZHAOMI DE
RENLEI
AOMI CHUANQI

人类奥秘传奇

主编 雨田

辽宁美术出版社

前言
PREFACE

没有平铺直叙的语言,也没有艰涩难懂的讲解,这里却有你不可不读的知识,有你最想知道的答案,这里就是《走进奥秘世界》。

这个世界太丰富,充满了太多奥秘。每一天我们都会为自己的一个小小发现而惊喜,而《走进奥秘世界》是你观察世界、探索发现奥秘的放大镜。本套丛书涵盖知识范围广,讲述的都是当下孩子们最感兴趣的知识,即有现代最尖端的科技,

又有源远流长的古老文明；既有驾驶海盗船四处抢夺的海盗，又有开着飞碟频频光临地球的外星人……这里还有许多人类未解之谜、惊人的末世预言等待你去解开、验证。

《走进奥秘世界》系列丛书以综合式的编辑理念，超海量视觉信息的运用，作为孩子成长路上的良师益友，将成功引导孩子在轻松愉悦的氛围内学习知识，得到切实提高。

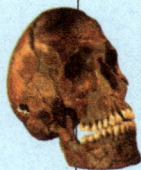

编　者

走进奥秘世界
ZOUJIN AOMI SHIJIE

令孩子着迷的
人类奥秘传奇
LING HAIZI ZHAOMI DE
RENLEI AOMI CHUANQI

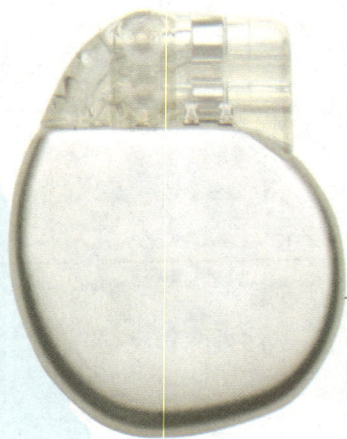

目录

CONTENTS

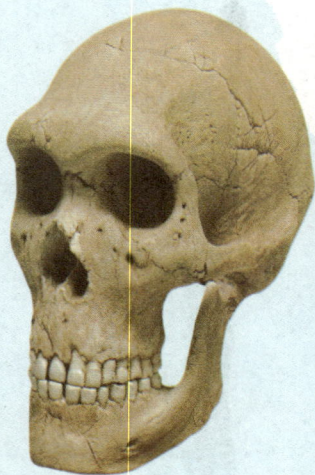

走进奥秘世界 ZOUJIN AOMI SHIJIE

令孩子着迷的 人类奥秘传奇
LING HAIZI ZHAOMI DE RENLEI AOMI CHUANQI

目录
CONTENTS

Chapter 2 第二章

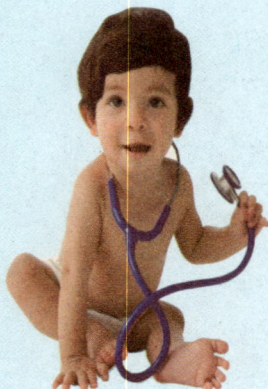

走进奥秘世界
ZOUJIN AOMI SHIJIE

令孩子着迷的
人类奥秘传奇
LING HAIZI ZHAOMI DE
RENLEI AOMI CHUANQI

Chapter 3 第三章

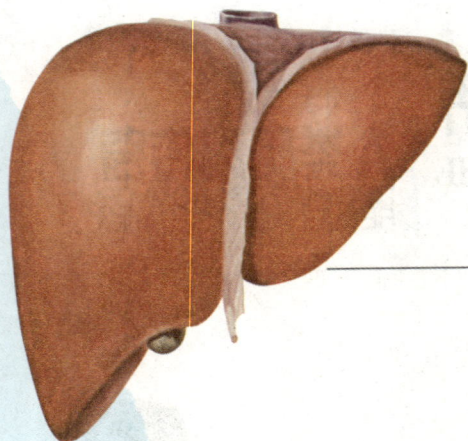

目录 CONTENTS

CHAPTER 1 第一章

人体奥秘

每一天，我们都用身体去看、去听、去闻、去触摸、去感受，可是，我们了解它吗？人体中又到底有着哪些奥秘呢？

"人脑"之谜

●●●ZOUJIN AOMI SHIJIE

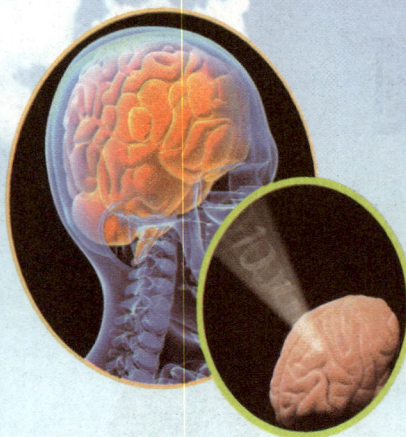

▲大脑是人感觉和运动的总指挥部。

人脑是如何工作的问题实在太含糊，要完全解释清楚也非三两句话，所以我们通过人脑中的下丘脑来了解它。

大脑中的下丘脑面积虽小，但却能接受很多神经冲动。

大脑的样子？

大脑半球表面有弯弯曲曲的沟裂，称为脑沟，其间凸出的部分称为脑回，这些脑沟、脑回就像一块皱拢起来的绸布，一旦展开，它的平面像半张普通报纸大小，约2 250平方厘米。

例如，如果破坏了人下丘脑上分管饥饿的神经中枢，人就会不愿进食，失去饥饿感。那么，醉鬼对酒精的嗜好会不会也与下丘脑有关呢？

十几年前，医学对此进行的研究表明，酒和水都是液体，因为下丘脑上含有能使人感到口渴的神经中枢，所以也应该含有嗜酒的神经中枢。综上，科学家认为，也许能通过对下丘脑进行手术来根治酒鬼的嗜酒癖好。

但是，这只是初步研究，人和动物的大脑是否存在嗜酒神经中枢还有待进一步的证明。

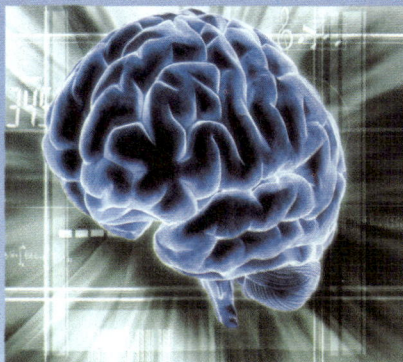

▲下丘脑管理着内分泌和神经系统。

▲下丘脑外侧区存在摄食中枢。

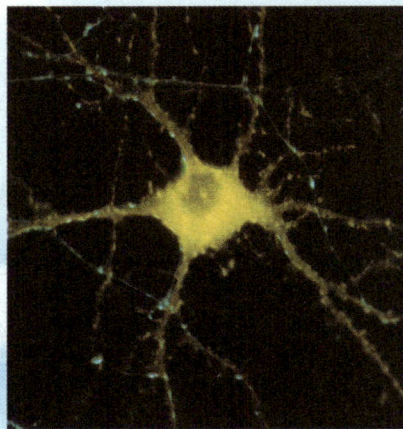

▲神经元可以接受并传导刺激。

左右手的奥秘

ZOUJIN AOMI SHIJIE

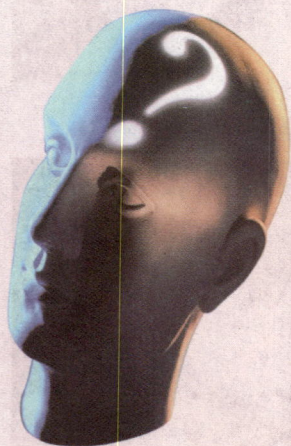

▲ 手和大脑有着密切的关系。

生活中,大多数人习惯用右手做事。但是一位瑞士科学家提出,在远古时代,人类祖先使用左右手的概率与动物一样都是均等的,只是由于在误食了有毒的植物后,左撇子对植物毒素的耐受力弱,最终难以继续生存;而右撇子则生存了下来,从而使用右手的人成为当今世界中的绝大多数。依据达尔文的生物进化论,左撇子人数少是自然选择的结果。

我们的手

手帮我们做很多事，比如写字、吃饭、玩球、打击乐器等等。

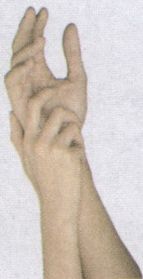

但事实上，生活中的左撇子大多是聪颖智慧、才思敏捷的人，他们经常是艺术家、演员等。因为人大脑的左右半球各有分工，左半球大脑控制身体右半边，右半球大脑控制身体左半边，而大脑右半球控制感情、想像力，所以左撇子人大多才思敏捷、感情丰富。

▼ 左撇子的人仅占世界人口的6%~12%。

手和脑

人们常用一个词语"十指连心"，科学上，手和大脑的确有着密切的关系，手执行脑的指令来做出动作，并能通过皮肤感受周遭环境温度和外物的质感，再通过神经网络，向脑汇报。

善变的体温

ZOUJIN AOMI SHIJIE

体温，指人体内部的温度。人的体温一般为37℃左右，但不是恒定不变的，它受多种因素的影响会有一定正常的波动范围。但体温高于41℃或低于25℃时将严重影响人的身体健康。

人的体温在昼夜有周期性的变化，这可能同人们

人类具有完善的体温调节机制，并能采取防寒保暖措施，所以能够在极端严酷的气候条件下生活和工作，并维持较恒定的体温。

低等动物因为没有完善的体温调节机构，它们的体温会随着周围环境温度或接受太阳辐射热的多少而发生改变。

人的体温

人体的产热和散热，是受神经中枢调节的。

生病时的体温

很多疾病都会使人的体温正常调节机能发生障碍而使体温发生变化。

在昼夜间的活动和新陈代谢、血液循环及呼吸等的变化有关。外在条件对昼夜间体温的变化也有影响，例如长期夜班工作的人，就可能出现夜间体温升高，白天体温下降的现象。

在美国，有一位靠太空衣维持正常体温的空中小姐凯蒂丝。凯蒂丝的体温在一天中大幅度地变化好几次。有时低到31.26℃，一会儿又高到40.88℃。这种莫名其妙地体温骤升暴跌的症状至今还没有查明原因。

体温计

体温计是性能最高的温度计，它可以记录温度计所测量过的最高温度。体温计用后应"回表"，即拿着体温计的上部用力往下甩，使水银重新回到液泡里。

第一支体温计

世界上第一支体温计是伽利略在16世纪时发明的。

体温与诊断

医生会通过观察病人的体温而诊断某些疾病。

爱情的科学揭秘

ZOUJIN AOMI SHIJIE

人恋爱之后竟能变成"超人",你相信吗?俄罗斯科学家用一种特制的仪器测试发现,女性在恋爱期间,身上会出现一种生物场并产生辐射以吸引周围的男性,这种生物场能使男性迷迷糊糊,同时也使本人妩媚无比。男性在热恋时则体力增强,所以,一个瘦弱的男人往往在其恋人遭受欺负时能将一个彪形大汉打倒在地。可见爱情力量的强大。

现在又有研究表

▲恋人之间总是心有灵犀。

▲爱情常常让人们陶醉。

明，恋人间是靠一种人类几乎察觉不到的气味而互相吸引的，而这种气味是由人身上的一种特殊的化学物质分泌出来的。科学家进行的大量实验表明，青年男女之间通过这种气味的互相吸引，从而能够一见钟情。

"爱"与大脑

英国科学家首次发现"爱"的感觉来自于大脑的某部位，它会对爱情做出敏感的反应，热恋中的男女看爱人的照片时，大脑中的四个部分会不约而同地出现血液流量急升。

爱情的礼物

爱情带给人们很多的新鲜和幸福，因为爱情，人们有了很多不曾有过的感受。

17

人体内的细菌之谜

rén tǐ nèi de xì jūn yǒu hǎo yǒu huài yì bān qíng kuàng
人体内的细菌有好有坏，一般情况

xià bù huì yǐn fā jí bìng de xì jūn bèi chēng wéi zhèng cháng
下不会引发疾病的细菌被称为"正常

jūn qún dàn yǒu kē xué jiā rèn wéi zhèng cháng jūn qún
菌群"。但有科学家认为，正常菌群

yǔ zhì bìng jūn xìng zhì shì xiāng tóng de tā men kàn sì zhèng
与致病菌性质是相同的。它们看似"正

cháng kě shí jì shang què zài àn zhōng qīn shí rén tǐ
常"，可实际上却在暗中侵蚀人体。

zàn jū jūn shì zhèng cháng xì jūn dàn zàn jū jūn huì zài pí zhī fēn mì wàng shèng de
暂居菌是正常细菌，但暂居菌会在皮脂分泌旺盛的

pí fū shang liú xià lìng rén fán nǎo de cuó chuāng yīn cǐ tā men rèn wéi zhèng cháng
皮肤上留下令人烦恼的痤疮，因此，他们认为正常

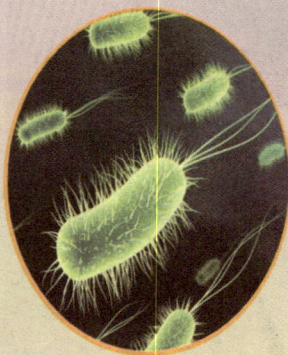

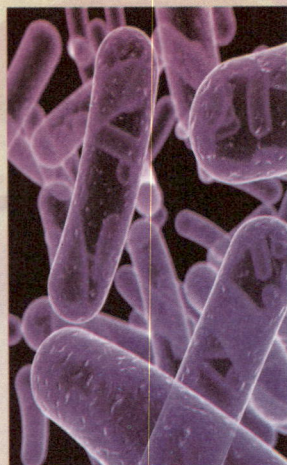

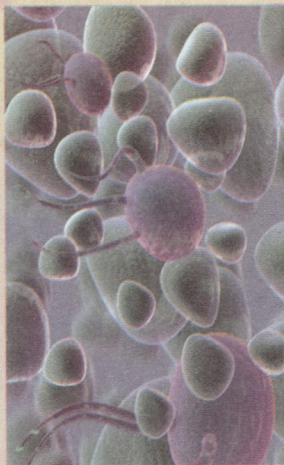

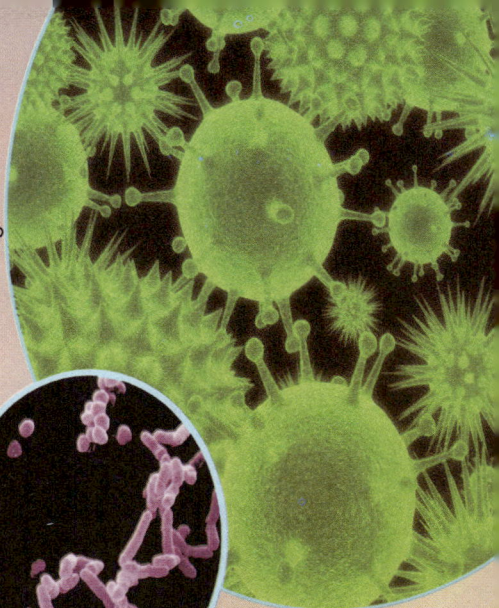

菌群也是人类健康的潜在威胁。

另外一些科学家则认为正常菌群对人体是利大于弊的。

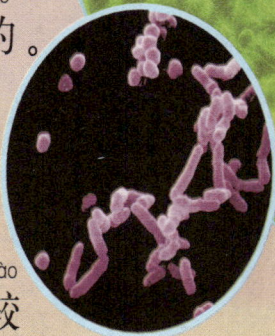

如当有害菌污染皮肤表面后，正常菌群就能抑制这些有害菌的生长，使皮肤较少受到感染。例如，由母乳喂养的新生儿比奶粉喂养的新生儿患病率低，就是由于母乳中含有促进正常菌群——双歧杆菌生长的双歧因子。

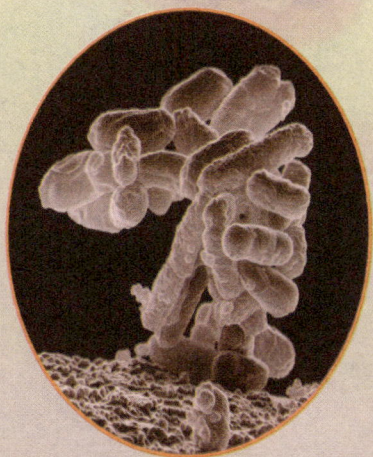

人体的细菌?

　　细菌是生物的主要类群之一，人体是大量细菌的栖息地。据估计，人体内及表皮上的细菌细胞总数约是人体细胞总数的十倍，细菌的个体非常小，目前已知最小的细菌只有0.2微米长，我们只能在显微镜下看到它们。

人体潜力的奥秘

ZOUJIN AOMI SHIJIE

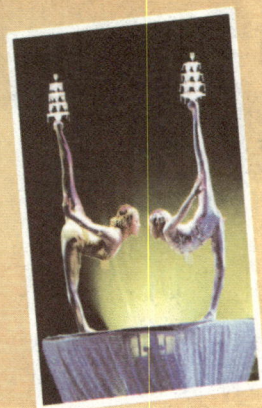

rén tǐ de qián lì shì zhǐ rén tǐ nèi zàn shí chǔ yú qián zài
人体的潜力是指人体内暂时处于潜在

zhuàng tài hái méi yǒu fā huī chu lai de lì liàng kē xué jiā fā
状态还没有发挥出来的力量。科学家发

xiàn rén tǐ de qián lì xiāng dāng jīng rén
现,人体的潜力相当惊人。

zài zhì lì fāng miàn rén de dà nǎo yuē yǒu yì bǎi sì shí
在智力方面,人的大脑约有一百四十

yì gè shén jīng xì bāo ér jīng cháng huó dòng hé yùn yòng de bù
亿个神经细胞,而经常活动和运用的不

guò shí duō yì gè hái yǒu de nǎo shén jīng
过十多亿个,还有80%~90%的脑神经

xì bāo zài shuì jiào shàng wèi fā huī zuò yòng
细胞在"睡觉",尚未发挥作用。

体能潜力

　　杂技演员和极限运动者在不断地挖掘自身的体能潜力。

人体肺脏中的肺泡，经常使用的也只是其中一小部分。通过锻炼身体可以发挥其潜力，提高肺活量和增大血管容积。

据估计，目前世界上大约有50%以上的疾病不需要治疗就能自愈，这被认为是人体潜力的作用。

人在遇到紧急情况时，会发挥出平时所没有的力量，这也是人体潜力在紧急关头被发挥出来的结果。

发掘

人们一直在努力地发掘自己身上的潜力。

比例

著名的心理学家奥托指出，一个人所发挥出来的能力，只占他全部能力的4%。

不断努力

那些潜力无限的事例提醒着我们，可以做的还有很多。

潜能无限

每个人都具有巨大的潜能，只是没有淋漓尽致地发挥出来，科学家们研究发现，若是一个人能够发挥一半的大脑功能，就可以轻易学会40种语言、背诵整本百科全书、拿到12个博士学位……

孪生 心心相通之谜

·ZOUJIN AOMI SHIJIE

一般情况下，人们都认为孪生子具有心灵相通的能力，比如，他们有相同的性格爱好，对待事物有相同的想法，甚至会喜欢同一个人。但孪生子真的能心灵相通吗？

美国有一家三胞胎兄弟，婴儿时就被三个不同的家庭收养。成年后，他们意

双胞胎节

在美国的特温斯堡市，每年8月的第一个星期都会举办双胞胎节。

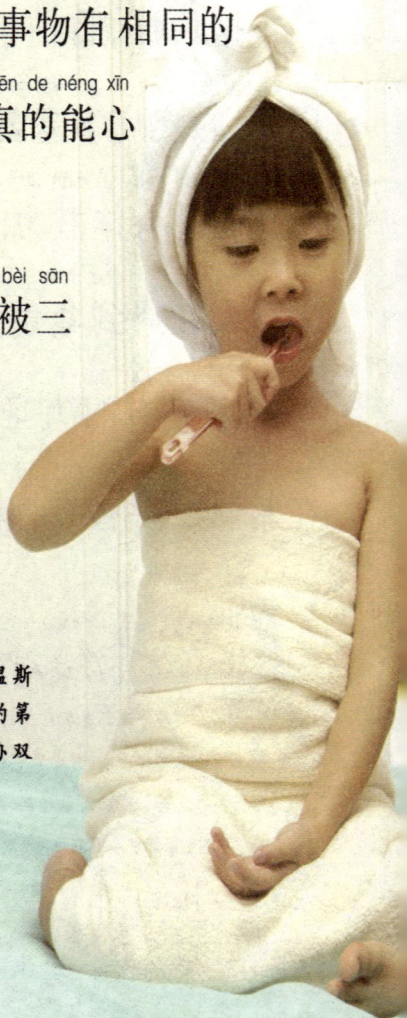

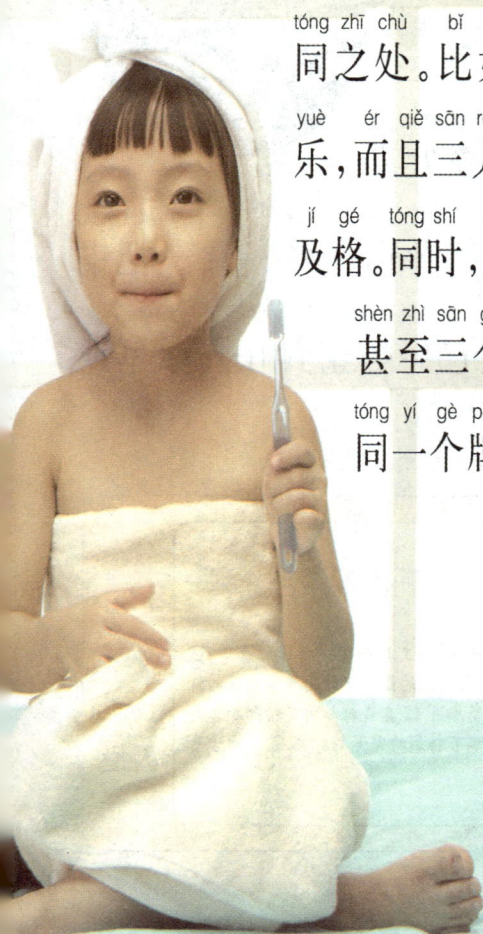

wài chóng féng，fā xiàn suī rán bǐ cǐ shēng huó huán jìng bù tóng，dàn xí xìng què yǒu hěn duō xiāng
外重逢，发现虽然彼此生活环境不同，但习性却有很多相

tóng zhī chù。bǐ rú，dōu xǐ huan chī yì dà lì cān，xǐ huan yáo gǔn
同之处。比如，都喜欢吃意大利餐，喜欢摇滚

yuè，ér qiě sān rén de zhì shāng suī rán dōu hěn gāo，dàn shù xué dōu bù
乐，而且三人的智商虽然都很高，但数学都不

jí gé。tóng shí，sān gè rén dōu jiē shòu guo jīng shén yī shēng de zhì liáo，
及格。同时，三个人都接受过精神医生的治疗，

shèn zhì sān gè rén chóng féng shí，dà jiā ná chū de xiāng yān yě shì
甚至三个人重逢时，大家拿出的香烟也是

tóng yí gè pái zi de
同一个牌子的。

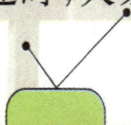

孪生的形成？

女性一般在一个月经周期中排卵一次，一次为一个，如果其排卵超过一个，而且卵子全部受精成功发育成胚胎或因为不明原因一个受精卵分裂成两个并独自发育成胚胎，就有可能形成孪生。

被密封五千三百年的"冰人"

ZOUJIN AOMI SHIJIE

在阿尔卑斯山南部,人们发现了一具冰人。

这具冰人身高1.76米,重50千克左右,右耳垂有一深深的洞,身上多处皮肤有纹身,他穿着鹿皮衣和草披肩,身边有弓、箭、一把铜斧和其他工具。据考证,这个冰人已经被密封在阿尔卑斯

箭筒和箭？

"冰人"的工具中有一个U形箭筒,这是世界上发现的最古老的用桦木制成的箭筒。箭筒中有12支箭杆和两支精细加工的箭,顶端有特制的尖尖的打火石,上面含有树胶。

山希米龙冰川中大约5 300年了，是至今发现的最古老的、保存最好的人体。

科学家分析冰人可能是牧羊人，他之所以来到这个山谷是为了削一只新弓。正赶上暴风雪，为了寻找躲避的地方而筋疲力尽，在恶劣的天气条件下熟睡在山谷的壕沟中，结果造成冰冻死亡。

至于更具体的细节还需要进一步研究。随着技术的进步和科学家们的不懈努力，冰人的秘密将逐渐被揭开。

冰人生活年代

"冰人"外衣中的两粒远古麦子证明他生活在低地耕作社会。

人类的外激素——费洛蒙之谜

ZOUJIN AOMI SHIJIE

费洛蒙是生物体分泌的交换讯息的微量化学物质，它被生物体释放到体外，在一定范围内能影响其他生物体，也就是一种外激素。

费洛蒙是没有味道的，但是它却能使同种生物体之间互相沟通，并发出求偶、警戒、合作等信号。据说，莎士比亚时期就流传一种爱情游戏，女孩会将一片苹果放在自己的腋下，然后送给喜欢的男孩，如果男孩喜欢苹果的味道，双方就会发展下去，这就是费洛蒙的力量。

费洛蒙

费洛蒙由外分泌腺所分泌，分子很小，可随风飘送再藉空气流动快速地传播到各处去。现在，费洛蒙产品在西方被广泛用于各种社交场合和商务活动中。

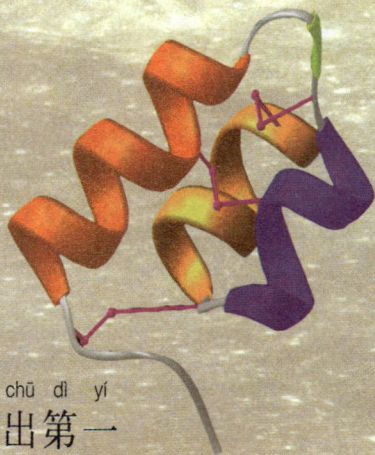

1959年，德国化学家布特南提炼出第一个费洛蒙分子——家蚕醇。1987年，加拿大籍科学家斯特希发现雌性金鱼在繁殖排卵之际能同时释放出费洛蒙，这是人类首次发现脊椎动物也能释放费洛蒙。

▶ 费洛蒙也称信息素或性外激素。

27

人类 心脏可能有记忆

yī xué shang yǒu hěn duō qì guān yí zhí de lì zi dé dào qì guān yí zhí hòu
医学上，有很多器官移植的例子，得到器官移植后，

rén men kāi shǐ xīn de shēng huó
人们开始新的生活。

suì de měi guó tuì xiū sī jī jié mǔ cóng lái méi gěi qī zi xiě guo xìn gèng bié
40岁的美国退休司机杰姆从来没给妻子写过信，更别

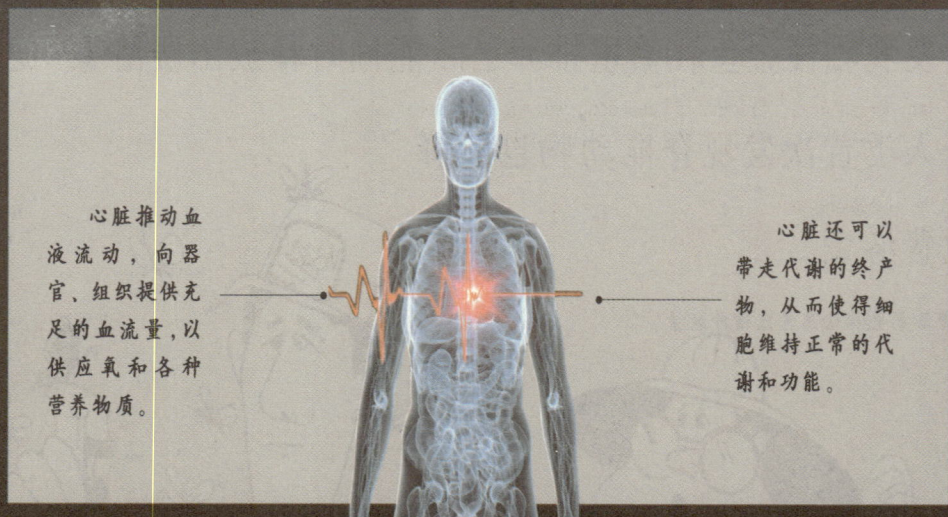

心脏推动血液流动，向器官、组织提供充足的血流量，以供应氧和各种营养物质。

心脏还可以带走代谢的终产物，从而使得细胞维持正常的代谢和功能。

形状
　　心脏的形状像一个倒置的梨，上宽下窄。

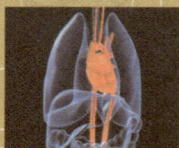

大小
　　人的心脏和本人拳头的大小差不多。

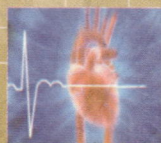

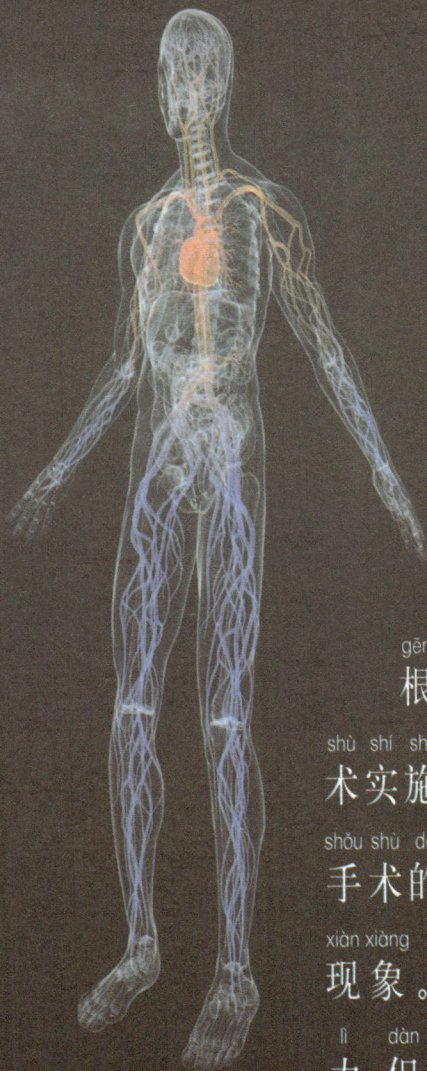

说诗了。但是，突然有一天，杰姆在桌子前不假思索地给妻子写下了一封情意绵绵的情诗，他感到非常奇怪。原来，杰姆曾经接受过心脏移植手术，而捐赠者是一位诗人，所以杰姆写诗的能力来自移植的心脏。

根据科学统计，在第一例心脏移植手术实施后的40年里，每10例接受心脏移植手术的病人中会有一人出现性格改变的现象。因此，人们认为心脏具有记忆的能力，但目前仍未获得主流医学界的认可。

位置

心脏位于横膈之上，两肺间而偏左。

四个腔

心脏由心肌构成，分为左心房、左心室、右心房、右心室四个腔。

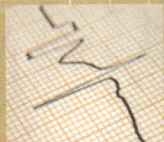

人体不断增高之谜

● ● ● · ZOUJIN AOMI SHIJIE

据有关统计，世界各国人口的平均身高在以每10年1厘米的速度增加。

有些人认为高个子是魁梧健康的表现，其实不然。高个子比矮个子抗病能力差，平均寿命要短6%～10%；高个子比矮个子要消耗更多的自然资源来解决衣食住行问题。所以，人类学家主张应该控制"代代高"现象。但是如何控制呢？现代人类逐渐长高又是由什么因素造成的呢？

有人认为是温度、气候的改变；有人认为是由于孕妇和儿童的营养

增长的身高

资料显示，四百多年前，我国男性平均身高为166~168厘米，目前，我国青年的平均身高达170多厘米，城市男女青年分别平均每10年增高2.3厘米和2.15厘米。

越来越好的结果；有人认为是由于我们日常生活中的辐射造成的；还有人认为是"异族通婚"的缘故，因为混血儿就特别高大健壮。

人不断长高的原因到底是什么，科学家还在争论、研究之中。

人类 长寿的秘密

ZOUJIN AOMI SHIJIE

据记载，我国古代的彭祖活了八百多岁，他被人们公认为是最会养生的养生家。现代社会也有很多长寿的人，有些老人甚至能活一百三四十岁。那么，怎样才能长寿呢？

一般来说，长寿的人都有良好的生活习惯，注重养生使他们得以健康长寿。从人类遗传学角度看，一般长

长寿的人？

据福建省《永泰县志》卷十二记载：永泰山区有位名叫陈俊的老人，字克明，生于唐僖宗中和元年(公元 881 年)，死于元泰定元年(1324 年)，享年 443 岁。陈俊的子孙"无有存者"，所以生活由"乡人轮流供养"。

▲长寿是每个人的愿望。

▲乐观的生活态度会使人长寿。

寿家族的人也会长寿，因为他们继承了父辈的遗传物质。但也有一些不幸的遗传病患者，他们生下来就患有早衰症，10岁的孩童却像老翁一样衰老，身体也相应地遭受到巨大的损害。外界环境对人类长寿也有影响。比如，X线照射等都不利于人类长寿。

长寿是人类种族繁衍过程中的重大问题，很多科学家正在为解开长寿的奥秘而进行着不懈的努力。

人体衰老之谜

ZOUJIN AOMI SHIJIE

自由基学说

自由基学说认为，衰老过程中的退行性变化是由于细胞正常代谢过程中产生的自由基的有害作用造成的。

人类的衰老

科学家指出，人类的自然寿命应该是100~150岁，但迄今为止，人类的平均寿命也不过74岁，远远低于科学家的预期。

yǒng yuǎn nián qīng shì měi gè rén de mèng xiǎng zài xī fāng
永远年轻是每个人的梦想，在西方

chuán shuō zhōng xī xuè guǐ néng yǒng yuǎn bǎo chí shēng qián nián qīng
传说中，吸血鬼能永远保持生前年轻

jùn měi de yàng zi yě yǒu chuán shuō zhōng shuō yǒu de rén zài
俊美的样子，也有传说中说有的人在

zāo shòu le léi jī zhī hòu jiù bú zài shuāi lǎo nà me rén lèi
遭受了雷击之后就不再衰老。那么，人类

wèi shén me bù néng yǒng yuǎn nián qīng ér huì shuāi lǎo ne
为什么不能永远年轻而会衰老呢？

wàn wù cōu shì yóu xì bāo zǔ chéng rén yě yóu xì bāo
万物都是由细胞组成，人也由细胞

zǔ chéng bìng qiě shì xì bāo de bù duàn fēn liè zēng zhǎng cái
组成，并且是细胞的不断分裂增长才

最早的老化

人体随着年龄增长，出现最早的老化器官是眼睛。

使人不断地生长。但细胞分裂是有一定周期的，比如18年。18年后细胞就不再分裂，于是，细胞的生命就会逐渐减弱衰退，人的生命也就逐渐衰老，直到死亡了。

对于人类衰老的秘密，科学家一直在探索。虽然人衰老难以避免，但如果做到以下几方面也会延缓衰老：进行体育锻炼，培养正确的饮食习惯，戒掉不良嗜好，保持心情开朗乐观等。

神奇的预测之梦

ZOUJIN AOMI SHIJIE

世界上对梦的研究最著名的是心理学家弗洛伊德，他的著作《梦的解析》将梦解释为人类对现实生活中被压抑的欲望的一种宣泄，是人的潜意识的一种曝光。

尽管他的理论得到许多人的认可，但梦究竟是否有预示功能令我们困惑。

有些人从梦中得到启示，比如德国化学家克固雷梦

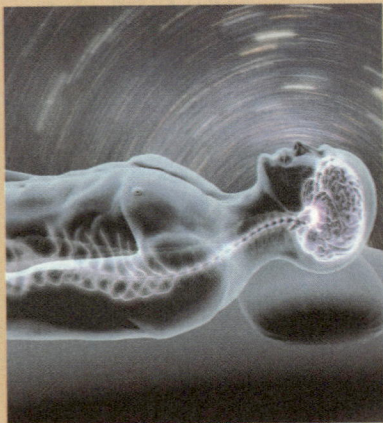

预示坏事情

据统计有所预示的梦，通常是预报坏消息，尤其是有关死亡的。

梦的产生

当大脑进入睡眠状态后还会有一少部分细胞处于兴奋状态，这使得睡眠中的人出现一种无意识的思维活动，这就是梦。

预测的梦

很多人做梦会预示到未来，预测自己或他人将要遭遇危险，并且后来发生的危险情景和自己梦到的几乎相同。

见了蛇从而得出了苯的分子结构；有的人梦到自己遇到了灾难，或者生了病，现实生活则果然发生，据说，美国总统林肯就梦见自己被刺杀了，事实是他果然被人刺杀。

科学家认为，梦的预示作用可能是人的第六感在起作用，人有时候会在潜意识里预感到某种危机。但是，他们仍然无法解释为何梦具有如此神奇的作用。

为何 减肥如此之难

ZOUJIN AOMI SHIJIE

单纯性肥胖

单纯性肥胖占肥胖者的95%,是指体质性肥胖或获得性肥胖,前者是先天性的,后者由饮食过量引起。

单纯性肥胖的原因

单纯性肥胖的原因有很多,例如:肥胖遗传、食物种类繁多、以"吃"作为发泄情绪的方式、少运动等等。

根据美国的一个食品信息组织进行的2011年食品和健康调查显示,77%的美国人正在减肥或避免体重增加,虽然他们很努力,但仍有近70%的美国人超重或肥胖。为什么会出现这样的结果呢?是他们意志薄弱,还是有其

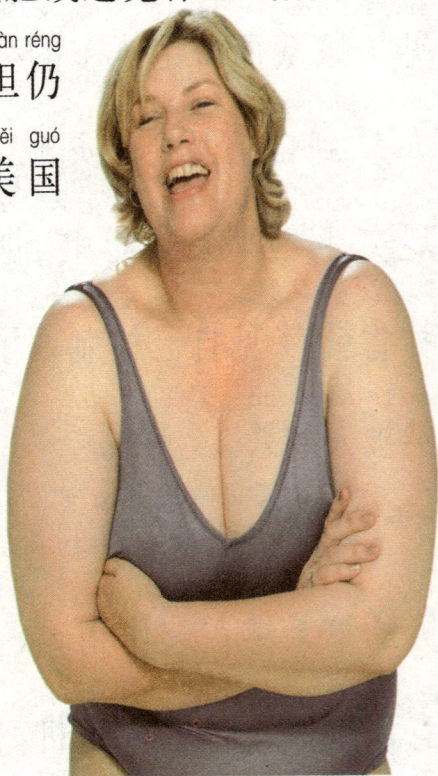

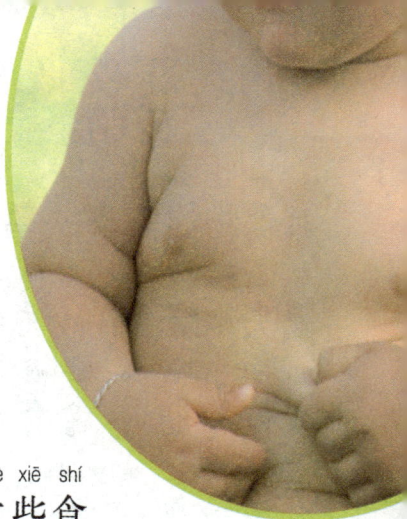

他原因呢?

实际上，对减肥者来说确实有太多的诱惑了。炸鸡、可乐、冰淇淋等食物总是那么的吸引人，减肥者要忍受这些食物的诱惑，实在是一件极其煎熬的事情，为了减肥而改变饮食习惯是对减肥者最大的考验。

肥胖心理学家认为，减肥者之所以会失败是因为在几千年的时间里，人类一直在为填饱自己的肚子奔波，所以美食对人类的诱惑是致命的，再加上遗传物质和环境的影响都导致了肥胖的流行。

▼ 父母中如有一人肥胖，则子女有 40% 肥胖的几率。

除了身体本能

对食物的需求欲望导致减肥失败，还有一点原因是人体脂肪中含有一种不容易分解的脂肪。一般情况下，人们通过减少热量的摄入和适量的运动就会

▲肥胖者中女性占有很大比例。

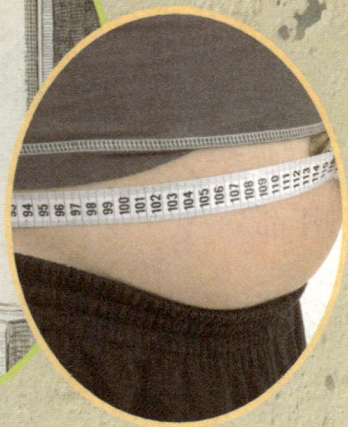

有减轻体重的效果，但是往往过后会反弹，甚至变得比以前更胖，这就是体内的"不

体重指数

目前，国际上通用体重指数来衡量人是否肥胖，体重指数等于体重（千克）除以身高（米）的平方，最理想的体重指数是22。

300,000 AMERICANS DIE PREMATURELY EACH YEAR AS A RESULT OF BEING OVERWEIGHT

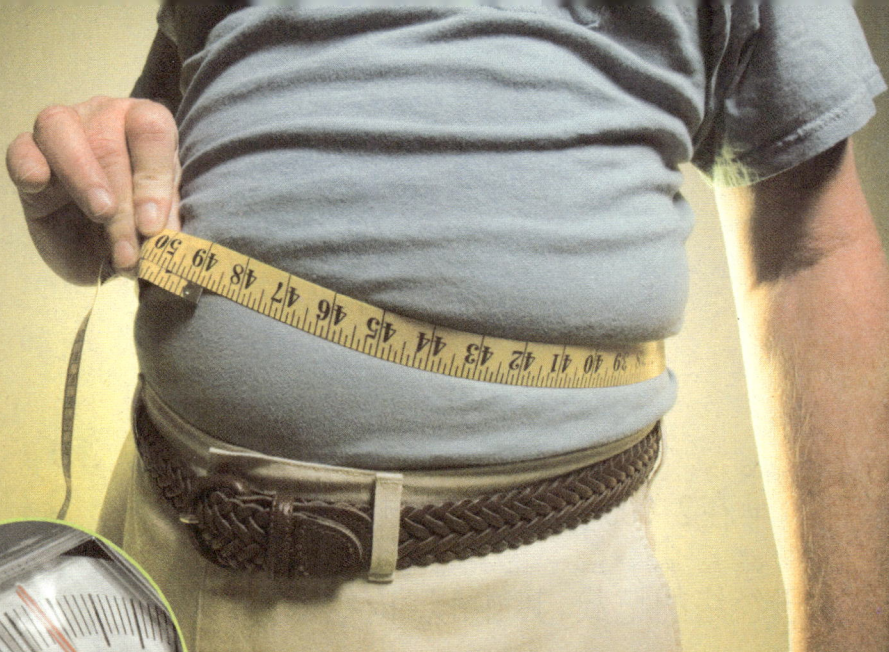

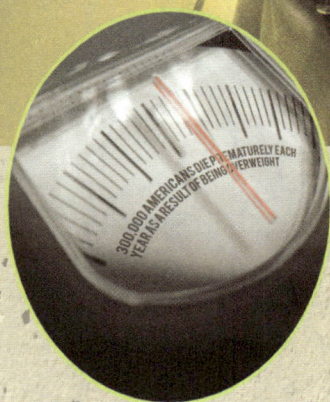

▲ 不断增大的肚子成了很多人的困扰。

kěn hé zuò　de zhī fáng zài gǎo guài
肯合作"的脂肪在搞怪。

nà me　rú hé jiǎn féi yǐ jí yòng
那么，如何减肥以及用

shén me yàng de fāng fǎ zhēn zhèng
什么样的方法真正

yǒu xiào yòu bú huì fǎn dàn　zhè
有效又不会反弹，这

xiē wèn tí de jiě dá hái yǒu dài
些问题的解答还有待

kē xué jiā men zuò jìn yí bù de yán jiū
科学家们作进一步的研究。

人体经络之谜

ZOUJIN AOMI SHIJIE

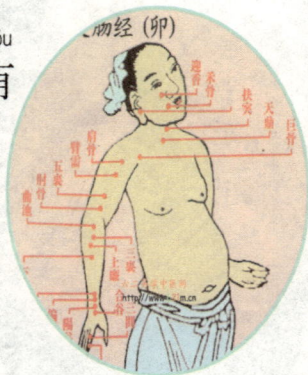

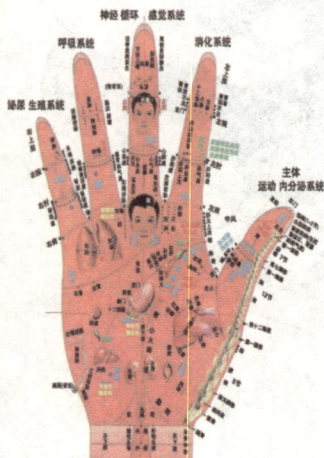

早在2 000多年前,我国医书中就有关于经络的记载,其中以《内经》为最。

我国古代医书认为,经络是运行血气的通道,维系体表之间、内脏之间、以及体表与内脏之间的枢纽。通俗地讲,经络是一种系统,这种系统能调节体表与内脏的运行,它与神经系统和内分泌系统一起调节人体内各组织间的平衡。

近年,我国科学家又提出经络是光子流的观点,即人体内部可能存在着一个生物光子系统,它在生命信息、能量的传输交换等生理活动中起着非常重

yào de zuò yòng
要的作用。

jīng luò de běn zhì dào dǐ shì shén me　suī rán zhòng
经络的本质到底是什么，虽然众

shuō fēn yún　dàn yòu méi yǒu zú gòu de zhèng jù lái zhī chí
说纷纭，但又没有足够的证据来支持

zì jǐ de guān diǎn　rén tǐ jīng luò zhī mí hái yǒu dài gè fāng
自己的观点。人体经络之谜还有待各方

miàn de zhuān jiā jìn xíng shēn rù yán jiū hé lùn zhèng
面的专家进行深入研究和论证。

经络学说举例

新西兰学者认为，经络是人体内一种网状管道结构，是"人体进化过程中的残留"。通过荧光技术观察针刺产生的化学物质，有可能直接看到人体的经络。

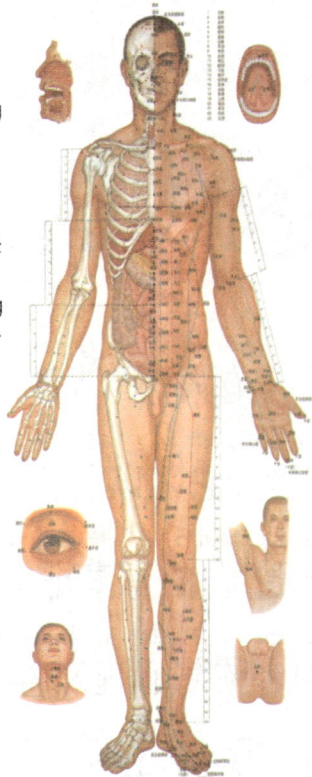

人体流泪之谜

ZOUJIN AOMI SHIJIE

人类流出眼泪分为很多种，有喜极而泣的眼泪，有悲伤的眼泪，有打哈欠流出的眼泪，还有切洋葱时熏出的眼泪，为什么只有我们人类才会流出有如此"丰富内涵"的眼泪呢？

有人认为人流泪可能是一种排泄行为，它可以将人们因感情压力所造成的毒素排出体外，使流泪者恢复心理和生理上的平衡。有人则认为，在人类的进化过程中，有一段几百万年的水生海猿阶段，而人类的泪腺会分泌泪液，且泪水中含有约0.9%的盐分，就是这一阶段的证明。还有人认为，根据生物进化的理论，因为流泪对人体有益，所以这一行为才被保存了下来，人会流泪正是适者生存的证明。

胃的消化功能之谜

ZOUJIN AOMI SHIJIE

人类的胃之所以能消化食物是因为胃液中的酸性环境和含有的胃蛋白酶，它们都是由胃壁细胞分泌的。通过实验证实，如果将小块胃组织放入含有盐酸和胃蛋白酶的人工胃液中，在37℃的恒温条件下，这块胃组织的80%被溶解了。试验表明，胃组织能够被胃液消化。但为什么胃在人体中却稳如泰山，没有被溶解了呢？

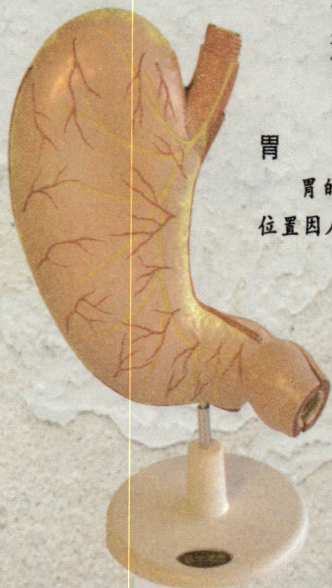

胃

胃的形态、大小、位置因人而异。

胃的形状 ？

在人站立时用硫酸钡等造影剂充填胃并作X线观察，则胃大致分为五型：牛角型胃、瀑布型胃、鱼钩型胃、无力型胃、混合型胃，其中最常见的胃的形态是鱼钩型。

kē xué jiā jīng guò yán jiū fā xiàn　wèi bì xì bāo
科学家经过研究发现：胃壁细胞

biǎo miàn yǒu tè shū de zhī lèi wù zhì　shì tā bǎo hù zhe
表面有特殊的脂类物质，是它保护着

wèi bì xì bāo bú shòu wèi yè de qīn shí　lìng wài　kē xué
胃壁细胞不受胃液的侵蚀。另外，科学

jiā hái fā xiàn wèi bì xì bāo gēng xīn sù dù jīng rén　jí
家还发现胃壁细胞更新速度惊人，即

shǐ wèi bì shòu dào sǔn hài　tā yě néng hěn kuài de jìn xíng
使胃壁受到损害，它也能很快地进行

zì wǒ xiū fù　kě shì　rén lèi zhōng de wèi bìng huàn zhě
自我修复。可是，人类中的胃病患者

tè bié duō　yǒu xǔ duō wèi bìng de yuán yīn què yì zhí wú
特别多，有许多胃病的原因却一直无

fǎ chá míng
法查明。

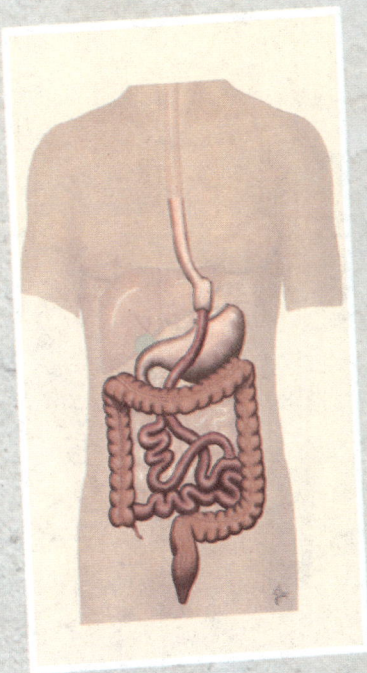

▲胃上连食道，下通小肠。

人体痛楚之谜

ZOUJIN AOMI SHIJIE

dāng bèi chuí zi zá dào shǒu shí wǒ men huì gǎn dào tòng　dāng téng tòng dá dào yí dìng qiáng
当被锤子砸到手时我们会感到痛。当疼痛达到一定强

dù shí　rén men huì chū xiàn jī ròu shōu suō　hū xī zàn tíng huò jiā kuài　chū hàn děng zhèng
度时，人们会出现肌肉收缩、呼吸暂停或加快、出汗等症

zhuàng　dàn téng tòng bìng bù dōu shì huài shì　kē xué jiā rèn wéi dāng rén tǐ mǒu yí bù wèi shòu
状。但疼痛并不都是坏事，科学家认为当人体某一部位受

shāng　huì suí jí shì fàng chū yì xiē huà xué wù zhì　bìng chǎn
伤，会随即释放出一些化学物质，并产

shēng téng tòng xìn hào　rén men yě jiù gǎn jué dào le téng tòng
生疼痛信号，人们也就感觉到了疼痛。

在战场上受伤的战士仍可以毫无知觉地继续作战，可他也许会在牙科医生检查牙齿时紧张得发抖，这是为什么呢？科学家认为人的神经系统只能处理一定量的感觉信号。当感觉信号超过一定的限度时，疼痛信号就不易被传递，所以人们对疼痛的感觉就会降低。

但是，人体内引起疼痛的物质和抑制疼痛的物质是如何相互影响的呢？人类最终能否加以利用呢？这些仍是生理学上的未解之谜。

对疼痛的研究

世界卫生组织将疼痛作为第5生命体征，与血压、体温、呼吸、脉搏一起，是生命体征的重要指标，对疼痛的研究也越来越重视，每年的10月11日为"全球征服疼痛日"。

▲ 有时身体的疼痛很难忍受。

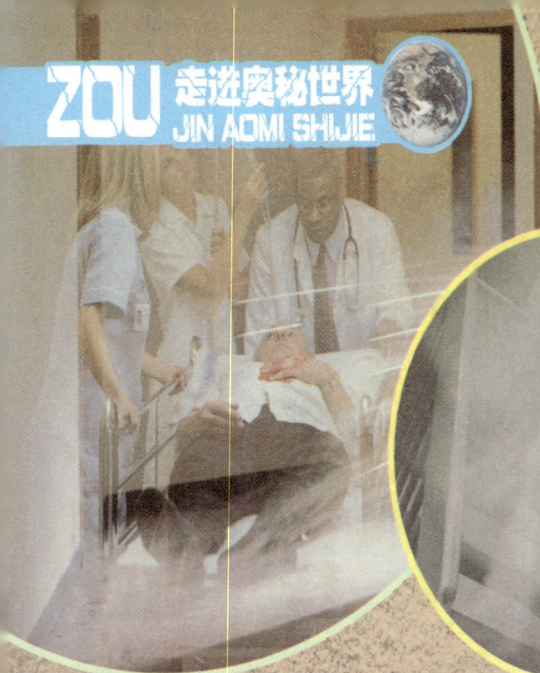

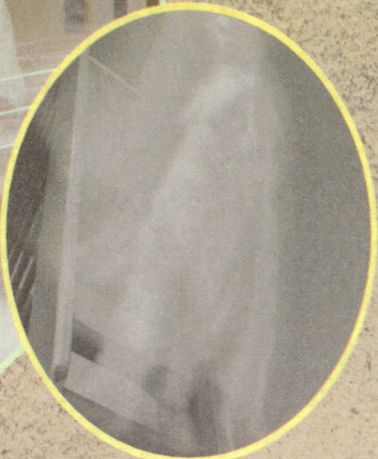

人类 生命轮回之谜

ZOUJIN AOMI SHIJIE

▲生命是否可以轮回?

很多宗教认为，生命是有轮回的。

并且认为一般的人仍会轮回为人，依其

此生福泽而在轮回之后会有身世的高

下之分。

1980年，美国27岁的凯瑟琳因为时

常焦虑、恐惧而进行心理治疗。当专家

为她进行催眠，试图找出她的病因时，催眠状态的凯瑟琳竟然将自己的前世身边的人的名字和他们交往的时间、当时的穿着服饰、周围的树木等准确地描述了出来。心理医生对凯瑟琳进行了测谎实验后确定她并没有说谎。

关于凯瑟琳说的人能转世轮回的说法，大多数科学家对此都全盘否认，认为这是精神不正常或是心理幻想的表现。但是凯瑟琳为什么能描述得如此详细、真实，这点无人能解。

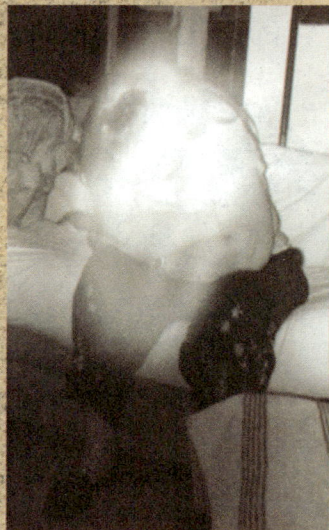

为什么在人老后会变矮

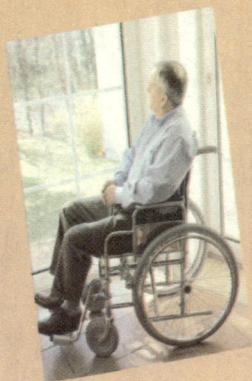

人的新生到衰老是一个必然的生理现象。对每个人来说，衰老的表现不尽相同。然而，人老变矮却是共同现象。

研究表明，人老变矮的主要原因是因为脊柱缩短。脊柱为人体的纵轴，组成脊柱的椎骨几乎全部由松质骨组成，具有大量的骨内膜表面，能迅速转换代谢，因此这里最早出现骨质疏松。老年人个子变矮主要有两种情况：

支重产生压迫，致使椎间盘受到的压力逐渐变

▲通常，人老后都比年轻时矮很多。　　▲人的骨骼从35岁时开始衰老。

dà zhuī tǐ zài yā lì zuò yòng xià tā xiàn chéng xiē zhuàng biàn xíng huò biàn biǎn jǐ zhù xiàng
大，椎体在压力作用下塌陷，呈楔状变形或变扁，脊柱向

hòu tū bù zhī bù jué jiù biàn ǎi le zhè shì shēn gāo de xiāng duì biàn ǎi
后凸，不知不觉就变矮了。这是身高的相对变矮。

hái yǒu yì zhǒng shì shēn gāo de jué duì biàn ǎi
还有一种是身高的绝对变矮。

lǎo nián rén de zhuī jiān pán yīn wèi lǎo huà ér jǐ hū wán
老年人的椎间盘因为老化而几乎完

练太极拳

　　太极拳可以使脊柱的稳定性增强，使得老年人的骨骼相对更强壮。

人的骨骼

　　成人骨头共有206块，分为头颅骨、躯干骨、上肢骨、下肢骨四个部分，儿童的骨头要比大人多。人的骨骼起着支撑身体的作用，骨与骨之间一般用关节和韧带连接起来。

全脱水，体积也不断缩小，厚度变薄，整个脊柱的长度变短，身高便相应降低。即是骨质疏松导致椎骨被压得扁薄从而个子变矮。

实践证明，长期坚持体育锻炼可以在一定程度上延缓骨质疏松发生的时间，或减轻骨质疏松的程度。

▼老年人经常锻炼好处多。 ▼给老年人做按摩有利于其健康。 ▼睡觉时，我们的骨骼也在生长变化着。

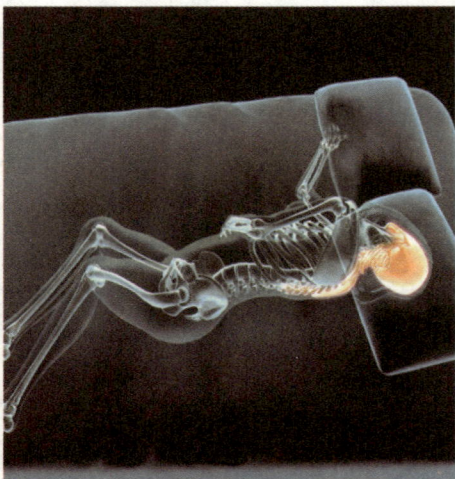

CHAPTER 2 第二章

奇异能力

ESP 意为"超感觉"，在英文中通常用做心灵感应、透视力和预知力的统称，拥有"超感觉"的人往往是具备奇异能力的怪人。

磁铁人 之谜

ZOUJIN AOMI SHIJIE

měi guó diàn yǐng zhàn jǐng zhōng de dà fǎn pài wàn cí wáng tā yōng yǒu bú yòng rèn
美国电影《X战警》中的大反派万磁王，他拥有不用任

hé dōng xi jiù néng jiāng jīn shǔ xī zǒu shèn zhì jiāng jīn shǔ biàn xíng de néng lì ér měi guó
何东西就能将金属吸走，甚至将金属变形的能力。而美国

qīng nián yóu lǐ yě jù yǒu xī yǐn jīn shǔ de néng lì
青年尤里也具有吸引金属的能力。

yóu lǐ shēn shang de cí lì bìng bú shì yǔ
尤里身上的磁力并不是与

shēng jù lái de ér shì suí zhe nián jì de zēng
生俱来的，而是随着年纪的增

磁力

磁力，是磁场对放入其中的磁体和电流的作用力。

磁铁人 ?

尤里曾是苏联伏尔加城的一名矿工，当发现他的身体带有磁力后，矿主害怕他身上强大的磁力会引起矿井的倒塌，或者给矿上作业带来灾难，因此强迫这位身强力壮的矿工离开了他工作了39年的矿山。

长磁力越来越大，从最开始只是很难将拿在手里的刀叉放下，然后锅盖、铲子等直接向他飞去，最后，在他身边1.5米以内的金属物体都会飞起来黏到他的身上。

医生研究后认为：这很可能是由于他几十年来在高磁力的铁矿上工作造成的。但这样的人很多，为什么那些人身上就没有这么强的磁力呢？可见，尤里的体内一定还隐藏着什么特殊的因素，那些因素才是导致他身上带磁的真正原因。

▼电影中拥有磁力的人。

57

不知寒冷的人

ZOUJIN AOMI SHIJIE

hán lěng de dōng tiān　wǒ men yào ná chū zuì hòu de yī
寒冷的冬天，我们要拿出最厚的衣

fu chuān zài shēn shang bǎo nuǎn　dàn shì què yǒu yì xiē hái zi
服穿在身上保暖，但是却有一些孩子

zài　sān jiǔ　tiān jìng rán bú pà lěng　zhǐ chuān duǎn kù jiù néng
在"三九"天竟然不怕冷，只穿短裤就能

chū mén　zhè shì shén me yuán yīn ne
出门，这是什么原因呢？

zài hán lěng de dōng tiān　yí gè yì dà lì xiǎo nán hái měi tiān dōu chuān zhe yóu yǒng
在寒冷的冬天，一个意大利小男孩每天都穿着游泳

kù　dǐng zhe hán fēng qù shàng xué　kāi shǐ rén men rèn wéi tā kěn dìng shì shòu dào jiā zhǎng de
裤、顶着寒风去上学。开始人们认为他肯定是受到家长的

nüè dài　hòu lái cái zhī dao　yuán lái zhè ge xiǎo nán hái cóng xiǎo jiù bú pà lěng　dōng tiān zhǐ
虐待，后来才知道，原来这个小男孩从小就不怕冷，冬天只

"火娃"

不知寒冷的人有很多。一个1979年出生在四川绵阳的小女孩，从降生就喜冷厌热，天气再冷也不穿衣服，就是冬天睡觉也从不盖被，还得睡在草席上，人们称之为"火娃"。

chuān jiàn yóu yǒng duǎn kù hé tuō xié jiù kě yǐ le
穿件游泳短裤和拖鞋就可以了。

wǒ guó yě yǒu zhè zhǒng dōng tiān bú pà lěng de hái
我国也有这种冬天不怕冷的孩

zi nán jīng de yí gè xiǎo nán hái yì nián sì jì dōu bù
子。南京的一个小男孩,一年四季都不

chuān yī fu jí shǐ zài dà xuě fēn fēi de dōng tiān yě réng rán guāng
穿衣服,即使在大雪纷飞的冬天,也仍然光

zhe shēn zi zài wài miàn wán shuǎ cóng lái méi yǒu shāng fēng gǎn mào guo
着身子在外面玩耍,从来没有伤风感冒过。

wèi shén me zhè xiē hái zǐ kàng hán néng lì huì rú cǐ zhī
为什么这些孩子抗寒能力会如此之

qiáng nán dào tā men tǐ nèi yǒu yì zhǒng tè shū yuán sù shǐ
强?难道他们体内有一种特殊元素使

tā men bù wèi yán hán zhè qí zhōng de ào mì zhì jīn hái
他们不畏严寒?这其中的奥秘至今还

wú rén néng gòu jiě dá
无人能够解答。

人体漂浮之谜

ZOUJIN AOMI SHIJIE

印度一位名叫巴亚·米切尔的老人能够不借助任何外力在空中漂浮起来，并且在众人面前进行了演示。

开始，米切尔像打坐一样盘腿坐在了地上，接着慢慢调节气息。大约在2~3分钟之后，只见他的身体轻轻地上升，约升到10米高时，他改变了盘腿的姿式，伸出双臂，开始旋转飞翔。大约30分钟后，米切尔的身体开始摇动，接着以水平状态慢慢降下。落

地以后，几位科学家发现：他的身体变得非常柔软，像棉花一样。当米切尔慢慢升空时，探测仪已测出从他身上喷发出一股能把他托起的气流，但这股气流从何处而来？

米切尔是怎样在空中悬浮的？平常人也能办到吗？这些问题还有待人们进一步的探索。

▲ 究竟是什么力量维持人体的悬浮状态呢？

▲ 悬浮在空中的人。

漂浮术 ?

很多传说中经常会提及一些人不借助任何外力而使身体漂浮在空中的超凡能力，有些瑜伽练习者和僧侣就具备这种神奇的本领。

▲ 正在练习漂浮术的人。

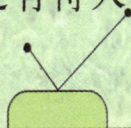

睡不着觉的人

ZOUJIN AOMI SHIJIE

如果连续几天不睡觉，人就会疲惫不堪。但是，生活中有一些人能够几十年不睡觉却精力旺盛，这让专家迷惑不解。

法国法学家列尔贝德因其卓越的才华被誉为"不灭的法律之光"。在他2岁时，他的头盖骨因为事故骨折。从昏迷中苏醒过来后，他就再也不能睡觉了，医

▼因睡不着觉而痛苦的人。

生用尽了各种方法也无济于事，一直到他去世，列尔贝德共71年没有睡觉。

科学家在动物身上发现，睡眠是由一种被称为"催眠素"的特殊物质控制的，也有人称做"睡眠因

▲ 失眠的原因是多方面的。

子"或"S因子"。20世纪80年代美国科学家进一步查明，人会睡觉的原因是小肠产生了睡眠因子。既然人和动物都有睡眠因子，为什么却有那么多人不入睡的例子呢？

失眠的危害？

失眠对人体是有很大危害的。短期失眠会影响第二天的学习和工作，导致精神萎靡，情绪不定，注意力不集中。长期失眠容易引发焦虑症，也会诱发某种潜在疾病。

神奇的带电人

ZOUJIN AOMI SHIJIE

在冬季干燥的季节，人体在接触电器、衣物等物品时会突然放出一股电流，使我们产生酥麻的感觉，这就是静电现象。但平时的静电电量非常小，不会产生危害，但有一些人却能释放强大的静电使物品毁坏。

英国女子保琳·肖的身体可以把体内静电储存起来，然后突然把它们释放出来。凡她所接触到的电器均被破坏。美

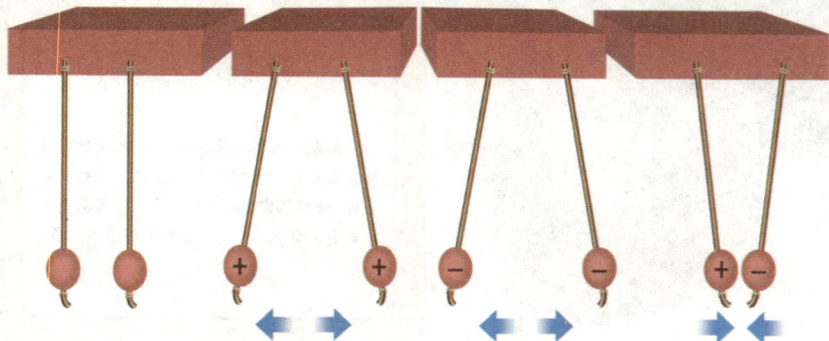

国一家电机工厂在一段时间内经常突然发生火灾,却查不出失火原因。后来,测试每一位工人的电压

时,发现一位女工身上的静电电压为3万伏特,电阻值为50万欧姆。就是她在接触易燃物品时产生了火灾。

普通的人体为什么能产生如此强大的静电?这些还是未解之谜。

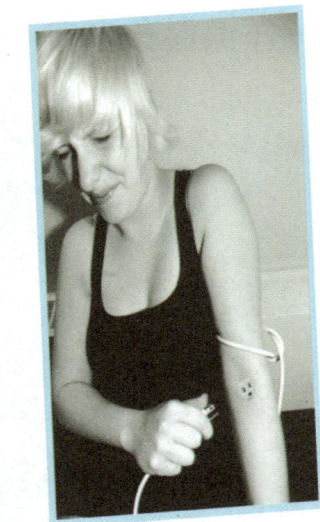

静电的危害

静电的危害是多方面的:它能引起带电体的相互作用,例如,飞机机体与空气等接触产生的静电,会造成飞机上的无线电失常;此外,静电还可能导致可燃物的起火爆炸危害人身安全。

入水 而不沉的人

ZOUJIN AOMI SHIJIE

　　我们都知道，就算是不会游泳的人跳进死海中，也不会有溺水的危险，因为死海海水的密度很大，人可以浮在水面上。但是有这样一个人，他不会游泳，但是无论他跳进什么样的水中，他都不会下沉，他就是一位来自澳大利亚的毕格斯。

　　毕格斯已经50岁了，他从未学过游泳，不久前，他来到游泳池学习游泳，结果发现自己像木头一样漂浮在水面

shang jiù lián zài zì jǐ shēn shang bǎng shàng yí kuài shí tou　yě hái shi bú huì xià chén　bù

上，就连在自己身上绑上一块石头，也还是不会下沉。不

jǐn tā zì jǐ mò míng qí miào　jiù lián yī shēng

仅他自己莫名其妙，就连医生

yě wú fǎ zuò chū hé lǐ de jiě shì

也无法作出合理的解释。

神奇的赤足蹈火

ZOUJIN AOMI SHIJIE

蹈火术

蹈火术原是道教的一种制火术，能使人处在火中而不被火烧伤。现在蹈火术不仅是一种宗教活动，也成为了一种表演形式。

奇特的宗教盛典

在太平洋的斐济群岛，有一个美丽的小岛。这个小岛的岛民每年都要举行一个闻名世界的宗教盛典，就是蹈火仪式。

脚底是人体穴位中最集中的部位，神经异常丰富。普通人如果不小心被烫了一下，就会疼痛难忍。可是在地中海爱奥尼亚群岛的希腊人每年都要举行一次奇特的赤足蹈火的仪式。

仪式开始后，表演者会赤脚走在近10米的用烧红的煤块铺成的通道上，他会一边舞蹈，一边前进，完成整个仪式大约

▲通常，火焰外焰的温度能达到400℃。

▲ 表演赤足蹈火的人。　　　　　　▲ 少数民族的赤足蹈火活动。

xū yào yí gè xiǎo shí　dàn chū hū rén men yì liào de shì　biǎo yǎn zhě bìng méi yǒu bèi huǒ hóng
需要一个小时。但出乎人们意料的是，表演者并没有被火红

de méi kuài tàng shāng jiǎo dǐ　tā de jiǎo dǐ zhǐ shì wēi hóng　dàn méi yǒu rèn hé sǔn shāng
的煤块烫伤脚底，他的脚底只是微红，但没有任何损伤。

hěn duō rén rèn wéi　chì zú dǎo huǒ bìng bú dài biǎo biǎo yǎn zhě yōng yǒu tè yì gōng néng
很多人认为，赤足蹈火并不代表表演者拥有特异功能，

kě néng shì biǎo yǎn zhě zài jiǎo dǐ tú mǒ
可能是表演者在脚底涂抹

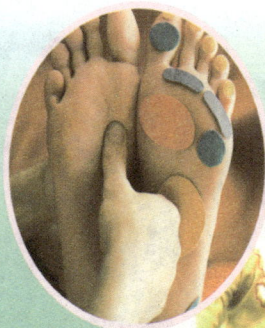

le tè shū de wù zhì　gé jué le huǒ yǔ
了特殊的物质，隔绝了火与

jiǎo zhī jiān de rè chuán dì　suǒ yǐ cái
脚之间的热传递，所以才

néng háo fà wú sǔn　wú lùn rú hé　zhè
能毫发无损。无论如何，这

shì yí xiàng hěn wēi xiǎn de biǎo yǎn　xiǎo
是一项很危险的表演，小

péng yǒu men kě bú yào mó fǎng ya
朋友们可不要模仿呀。

计算奇才的奥秘

ZOUJIN AOMI SHIJIE

古往今来，计算奇才出现过数十人，他们引起了许多科学家的浓厚兴趣。印度的戴维夫人仅用了50秒钟，就心算出201位数的23次方根，而当时的电子计算机计算这个数却需要整整1分钟。

科学家们通过对计算奇才们的研究发现：他们的计算有

计算工具

　　随着科技的进步，人类发明的计算工具越来越先进。

计算奇才

计算奇才对数字有着超乎寻常的敏锐感觉。

无法比拟的迅速性、复杂性和准确性。一般人经过任何训练也无法达到或接近他们的水平。

研究资料表明，计算奇才们根本就不是在"计算"。他们中无论是谁，都说不上自己是怎样算出来的，整个计算过程都在他们的意识之外进行。更有意思的是，个别计算奇才一旦接受了正规的数学训练，学会了计算方法，他原来那种计算神力反而就会消失，并且再也不具备这种能力了。

算盘的产生？

中国是算盘的故乡，关于算盘的起源，最早可以追溯到公元前600年。它最初的形式是"算板"。古人将10个算珠串成一组，然后一组组排列放入框内，再拨动算珠进行计算。

不断 受到雷击而不死的人
ZOUJIN AOMI SHIJIE

měi guó rén pèi dài zì yòu jiù shòu guo léi jī   suī rán tā dāng shí xìng miǎn yú nàn   dàn
美国人佩戴自幼就受过雷击,虽然她当时幸免于难,但

cóng nà zhī hòu   tā de zhù zhái céng zāo shòu guo sān cì léi jī   tè bié shì   nián de dì
从那之后,她的住宅曾遭受过三次雷击,特别是1957年的第

sān cì léi jī   tā de jiā quán bù bèi shāo huǐ le   pèi dài zhǎng dà jié hūn hòu réng jiù wú fǎ
三次雷击,她的家全部被烧毁了。佩戴长大结婚后仍旧无法

táo tuō léi shén de mó zhǎo   tā de jiā zài   nián nèi lián xù bèi hōng jī le   cì   qì jīn wéi
逃脱雷神的魔爪,她的家在3年内连续被轰击了4次。迄今为

雷击云层之间的
放电对飞行器存在很
大危害,但对地面上
的人和物影响不大。

云层对大地的放
电对人和物的危害
较大。

自然现象
　　打雷是一种正常
的天气现象。

危害
　　雷电灾害是全球
最严重的十种自然灾
害之一。

止，她竟然遭受过8次雷击。最近发生的那次雷击最为恐怖，震耳欲聋的雷暴声响震撼了房屋，只见室内被雷击成一片焦黑。当她和丈夫跑出走廊时，发现庭院有受到雷击的痕迹，家犬也不幸"遇难"。受到雷击的地面，竟留下了一条一米深的长沟。

不知是苍天捉弄人，还是佩戴体内存在某种特殊物质，使得雷神频频"发怒"，或者说这种现象纯属偶然呢？目前，我们无法解答这个问题。

雷电的好处

雷电带给人类的并不只有灾害，还有一定的好处。雷电产生时，会使空气中一部分的氧气被激变，从而形成臭氧。产生的臭氧比较稀薄，不但不臭，还能吸收部分宇宙射线，减少紫外线的危害。

涉及范围

雷电灾害的涉及范围比较广泛，几乎包括各行各业。

威力

雷电电压大约是100亿伏，而人的安全电压为36伏。

神秘的"海底人"

ZOUJIN AOMI SHIJIE

zài hěn cháng de yí duàn shí jiān nèi rén men dōu rèn wéi
在很长的一段时间内，人们都认为

dì qiú shang zhǐ yǒu rén lèi yì zhǒng zhì huì shēng wù rán ér suí
地球上只有人类一种智慧生物。然而随

着科学技术的发展和人类认识的不断加深，人们开始认为地球上还存在着另一种神秘的高等智慧生物——"海底人"。1958年，美国国家海洋学会的罗坦博士在大西洋中考察时，在四千多米深的海底，使用水下照相机拍摄到了一些类似人类足迹的影响，这一发现令生物学家们感到震惊。

有人推测，在海底可能生存着"海底人"，它们不能在空气中生

神秘的"海底人"？

很多人都说大海是"生命之源"，因为最初的单细胞生命就是在海洋中产生的，而且广阔的海洋调节着地球上的气候和大气水分，使地球的气候适宜人类的生存。

cún   què kě yǐ zài hǎi yáng zhōng lái qù zì rú   zuò chū zhè yí pàn duàn de yī jù shì   zuì
存，却可以在海洋中来去自如。做出这一判断的依据是：最

chū de shēng mìng shì zài hǎi yáng zhōng yùn yù chū lái de   suǒ
初的生命是在海洋中孕育出来的，所

yǐ rén lèi de gēn běn qǐ yuán yě jiù shì hǎi yáng
以人类的根本起源也就是海洋，

ér zài rén lèi bú duàn jìn huà de guò chéng
而在人类不断进化的过程

zhōng   kě néng yǒu lìng wài yí gè zhòng
中，可能有另外一个重

yào de shēng mìng fēn zhī liú zài le
要的生命分支留在了

hǎi dǐ shēng huó   lù dì shang de
海底生活。陆地上的

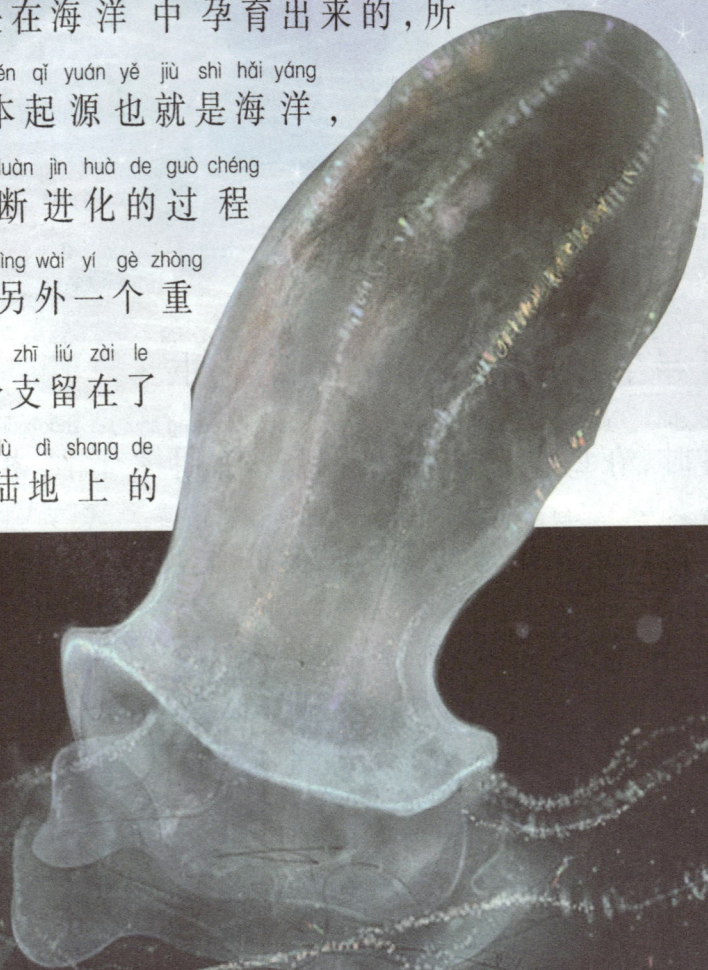

fēn zhī bèi chēng wéi　　rén lèi　　　ér shuǐ xià de fēn zhī zé bèi chēng wéi　　hǎi dǐ rén
分支被 称 为"人类",而水下的分支则被 称 为"海底人"。

rú guǒ　　hǎi dǐ rén　　zhēn de cún zài　　qǐ mǎ shuō míng hái yǒu yí gè huǒ bàn yǔ
　　如果"海底人"真的存在,起码说 明还有一个伙伴与

rén lèi gòng tóng shēng huó zài zhè kē lán sè de
人类共同 生 活在这颗蓝色的

xīng qiú shang　　dàn rén lèi yǔ　　hǎi dǐ rén
星球上,但人类与"海底人"

de hé píng gòng chǔ cái shì wǒ men yīng gāi kǎo
的和平共处才是我们应该考

lù de wèn tí
虑的问题。

不怕毒蛇的人
ZOUJIN AOMI SHIJIE

shēng huó zài měi guó pǐ zī bǎo de gōng rén gé lán
生活在美国匹兹堡的工人格兰

bèi jù dú de xiǎng wěi shé yǎo le yì kǒu gé lán méi
被剧毒的响尾蛇咬了一口,格兰没

shén me yì yàng dǎo shì nà tiáo xiǎng wěi shé sǐ diào le
什么异样,倒是那条响尾蛇死掉了。

rén men duì gé lán de xuè yè jìn xíng le huà yàn fā xiàn
人们对格兰的血液进行了化验,发现

tā de xuè zhōng hán yǒu jù dú qíng huà wù nà tiáo xiǎng
他的血中含有剧毒氰化物,那条响

wěi shé shì bèi gé lán dú sǐ de xué zhě men tuī cè yóu yú gé lán de gōng
尾蛇是被格兰毒死的。学者们推测,由于格兰的工

zuò shǐ tā jīng cháng yǔ qíng huà wù dǎ jiāo dào yīn cǐ shēn tǐ lǐ xù jī le
作使他经常与氰化物打交道,因此,身体里蓄积了

dà liàng yǒu dú wù zhì rèn hé dòng wù yǎo le tā dōu huì
大量有毒物质。任何动物咬了他都会

zhòng dú ér sǐ
中毒而死。

gèng ràng rén jīng qí de shì yǒu xiē rén zhuān chī dú
更让人惊奇的是,有些人专吃毒

shé ér qiě shì shēng tūn dú shé nán fēi yǒu yí gè shuǎ
蛇,而且是生吞毒蛇。南非有一个耍

▲ 正在把玩毒蛇的老人。

▲ 正在与毒蛇"亲近"的人。

shé rén bú dàn néng shēng tūn dú shé hái néng chǎn shēng dú sù
蛇人，不但能生吞毒蛇，还能产生毒素。
yǒu yí cì tā gēn rén fā shēng zhēng zhí shí fēn jǐ dòng de
有一次，他跟人发生争执，十分激动地
yǎo liǎo nà rén yì kǒu jié guǒ nà
咬了那人一口，结果那
rén jìng zhōng dú shēn wáng le
人竟中毒身亡了。
zhè xiē dú rén hé
这些"毒人"和
bú pà dú shé yǎo de rén shēn
不怕毒蛇咬的人身
shang yǒu shén me ào mì ne
上有什么奥秘呢？
rén men zhì jīn réng nòng bù qīng chu
人们至今仍弄不清楚。

危险的毒蛇

毒蛇能够分泌一种特殊的毒液，这是毒蛇的重要武器，被毒蛇咬到的人可能在短时间内就丧失行动能力，严重者可能丧命。

可供药用的毒液

蛇毒主要分为溶血性毒液和神经性毒液，蛇毒的特点是成分复杂，但其主要成分是毒性蛋白质，不同的蛇，毒液成分也不同。

79

自身能发光的人

ZOUJIN AOMI SHIJIE

现代科学研究证明，我们每个人的身体可以不断发出光来，只是这种光微弱到不能被肉眼看到。但也有一些人能够发出可见的光来。

早在1669年，丹麦医生巴尔宁就发现一个意大利女人的身体会发光。人们惊奇地发现她在夜里走路的时候，似乎有光环环绕她的全身。著名英国科学家席利斯特里在他的著作《光学史》里，也记载过一个患甲

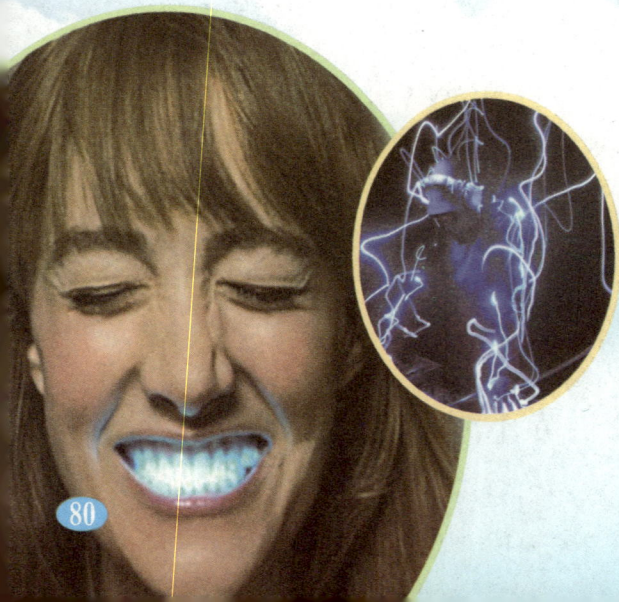

▲ 身体发光的怪人。

▲ 罕见的全身都能发光的人。

状腺病的人身上的汗腺会发光。

研究发现，人体光晕的分布有一定的规律。一般手指尖的光最强，臂、腿和躯干较弱。上肢发光又往往比下肢强。

可为什么只有少数人能发出可见光来？科学家们至今还没有给出更合理的解释。

人体光

人体发光现象在二十世纪初引起了科学家们的注意，科学家认为，人体光是人体发出的二次辐射与空气电离产生的荧光现象。

使用皮肤"看世界"的人

ZOUJIN AOMI SHIJIE

kù liè suǒ wá shì shì jiè shang dì yī gè bèi fā xiàn
库列·索娃是世界上第一个被发现

néng yòng pí fū yuè dú wén zì de rén   nián kù liè
能用皮肤阅读文字的人。1960年,库列·

suǒ wá jīng guò bàn nián de liàn xí   kě yǐ yòng shǒu zhǐ yuè dú
索娃经过半年的练习,可以用手指阅读

qiān yìn de wén zhāng hěn duō rén duì kù liè   suǒ wá néng yòng
铅印的文章。很多人对库列·索娃能用

▼用皮肤阅读的小女孩儿雕像。

pí fū yuè dú yí shì shèn shì huái
皮肤阅读一事甚是怀

yí wèi le què bǎo qí zhēn shí xìng   yǒu rén yòng yì tiáo hēi bù méng
疑,为了确保其真实性,有人用一条黑布蒙

zhù tā de yǎn jing jié guǒ suǒ yǒu de wén zì dōu bèi tā yòng shǒu
住她的眼睛。结果,所有的文字都被她用手

皮肤

皮肤是人体表面最大的器官,它覆盖全身,使体内的组织和器官免受病原的威胁。最厚的皮肤在足底部,约厚4毫米,最薄的皮肤在眼皮,只有1毫米厚。皮肤由表皮、真皮和皮下组织三层组成。

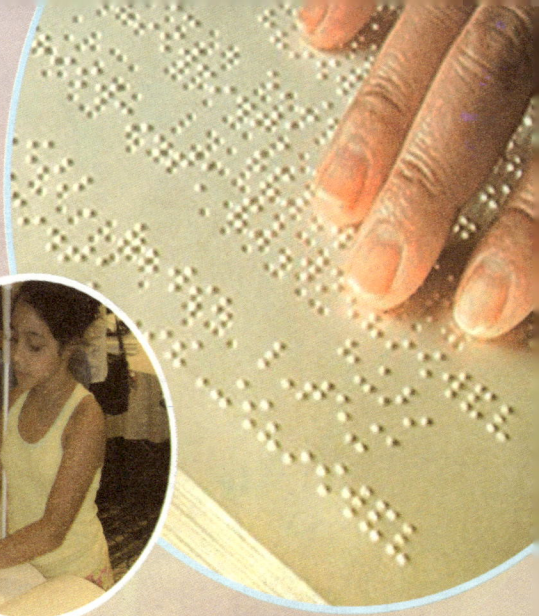

盲文

　　盲文又称点字、凸字，是专门为盲人设计的一种文字，靠触觉感知。

指一一阅读出来。

　　经学者研究证实，皮肤"视觉"取决于颜色及温度。在自然光照条件下，皮肤对红色、橙色最敏感，对紫色、蓝色次之，而对黄色、绿色及天蓝色最迟缓。总之，皮肤视觉对光谱两端的颜色（红、紫）最敏感。人体皮肤甚至对红外线、紫外线照射都会产生反应。库列·索娃的皮肤阅读事实恰恰说明了这一点。

▲皮肤具有强大的功能。

无法锁住的奇人

▲ 魔术是一种变幻莫测的戏法。

在神秘的魔术舞台上，我们常常会见魔术师表演逃脱术。美国人哈里·霍迪尼是历史上最有名的逃脱术大师。他炉火纯青的逃脱术表演已远远超出魔术的范畴。在华盛顿的联邦监狱中，他的手脚被牢牢锁住，但在短短的27分钟后，他不仅自己逃了出来，并且将另一间牢房中的18名犯人转移到一间上锁的空牢房里。《

▲ 对常人来说，解开手铐是很困难的。

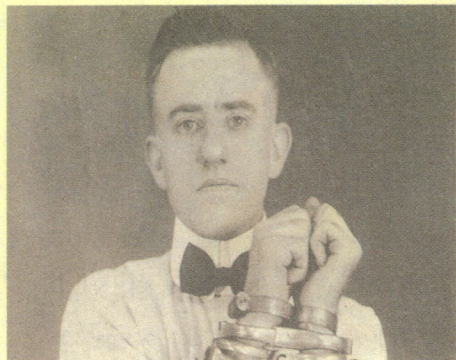

▲被铁链锁住的人。　　　　　▲锁的形式多种多样。

《美国时报》称其是"锁不住的奇人"。

霍迪尼的逃脱术可能是一种特异功能，他自己从未讲过其中的奥秘。霍迪尼后因揭露招魂术欺骗行径而被谋杀。

逃脱术虽然具有很高的观赏性，但是整个表演的过程中都充满了不确定性，危险随时有可能会发生，所以小朋友们千万不要模仿。

具有超能力的怪人

·ZOUJIN AOMI SHIJIE·

超能力

人们通常认为，超能力是一种少数人才有的神奇力量。其实，每一个人都具备超能力，只是它们通常处于被封存的状态。

超能力 对抗赛

1973年举行的世界最著名的超能力对抗赛有三名选手参加。他们都曾做过魔术师，其中一位还开辟了揭穿骗子的职业。

1950年，曾有一条震惊世界的新闻，世界各地的报纸争相报道，前苏格兰国王王冠上的斯科思宝石在威斯敏斯特教堂被盗。离奇的案件总是很难被侦破，在走投无路的时候，警察找到了一个具有奇异天赋的年轻人，他就是彼得·赫科斯。赫科斯在盗窃现场表现出了超人的能力。

▲ 超能力是"右脑的五感"。

赫科斯在勘察完现场后，在一张伦敦市的地图上逐渐画出一条路线，他满怀信心地告诉侦探那就是盗贼们携带宝石驾车逃逸的路线。令人难以置信的是他还能翔实地描述出这伙由三男一女组成的盗窃团伙中每个成员的容貌以及他们的衣着打扮。事实证明彼得·赫科斯的描述是正确

▲ 超能力的表现形式是多种多样的。

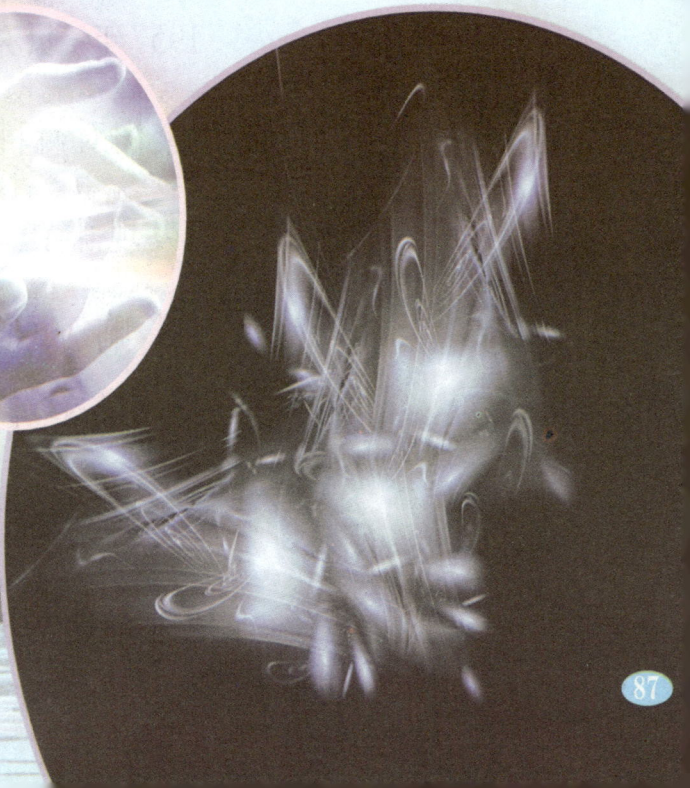

神秘作用

超能力是目前科学无法解答的一种神秘作用。

87

de sān gè yuè hòu luò rù fǎ wǎng de qiè zéi men de qíng kuàng jū rán hé hè kē sī suǒ
的，三个月后落入法网的窃贼们的情况居然和赫科斯所

miáo shù de wán quán yí zhì zhè xiē shì qiǎo hé ma wǒ men bù dé ér zhī
描述的完全一致。这些是巧合吗？我们不得而知。

nián bèi ěr kè xīn lǐ yán jiū jī jīn huì
1957年，贝尔克心理研究基金会

de zhuān jiā men duì hè kē sī jìn xíng le yán jiū zhuān jiā
的专家们对赫科斯进行了研究。专家

men fā xiàn qiáng cí chǎng duì tā de néng lì méi yǒu rèn
们发现强磁场对他的能力没有任

hé yǐng xiǎng zhè wèi jù yǒu léi dá bān tóu nǎo de
何影响。这位具有雷达般头脑的

rén tā de jīng rén tiān zī shèn zhì bǐ kē xué hái
人，他的惊人天资，甚至比科学还

yào qí miào rán ér zhì jīn wéi zhǐ rén men duì yú
要奇妙。然而，至今为止，人们对于

tā shén qí néng lì de yán jiū yī jiù háo wú suǒ huò
他神奇能力的研究依旧毫无所获。

CHAPTER 3 第三章

奇案魅影

一件件匪夷所思的事情就发生在我们身边，荒诞的事实背后究竟隐藏着怎样的真相。任凭科学技术如何发展，世界上似乎总有人类认知无法达到的死角。

"文身"之谜

ZOUJIN AOMI SHIJIE

1982年8月，一名叫安东尼娜的妇女突然发现自己左手的皮肤开始变红，转眼间出现了一片树叶的轮廓。这时她发现天空有一个粉白色的圆盘在不断放出白色的光线。

在女学生莎基罗娃的大腿上也出现了一幅洗也洗不掉的"文身"。她声称，在发现"文身"之前，曾有一个UFO出现在她家窗户附近。

文身的部位

文身可以纹在肩膀、胳膊、后背、腿等部位。

53岁的安娜偶然通过水面看见肘部出现了一个三叶草形状的"文身"。奇异的是，同样的三叶草"文身"，竟然出现在另一位妇女塔马拉身上的同一部位。

这些文身究竟是怎么来的？为何这些文身的技艺如此精湛？没人能给出一个答案。

文身习俗

通常，人们认为文身是黑道人的专利。其实，文身是人类文化的一部分，至今已经有两千多年的历史。在我国云南的西双版纳，有一些少数民族，特别是傣族和布朗族的男子有文身的习俗。

滴水不喝的人🔍

ZOUJIN AOMI SHIJIE

水是地球上常见的物质之一。

shuǐ shì shēng mìng zhī yuán quán　shuǐ yě shì rén
水是生命之源泉，水也是人

lèi bì xū de yíng yǎng sù zhī yī
类必需的营养素之一。

dàn yǒu gè jiào huá ān liè kè de rén
但有个叫华安列克的人

què bú yòng hē shuǐ　yǒu rén bú xìn　yāo tā
却不用喝水，有人不信，邀他

dào sā hā lā shā mò lǚ xíng　tā men zú
到撒哈拉沙漠旅行。他们足

zú zǒu le　tiān　nà rén kě huài le　huá
足走了20天。那人渴坏了，华

ān liè kè bù jǐn méi yǒu bàn diǎn yì yàng
安列克不仅没有半点异样，

yí lù shang hái chī le hěn duō bǐng gān
一路上还吃了很多饼干。

yì bān lái shuō　rén tǐ shuǐ fèn guò
一般来说，人体水分过

shǎo huò tuō shuǐ　jiù huì zào chéng suān jiǎn
少或脱水，就会造成酸碱

bù píng héng　yīn suān zhōng dú ér sǐ wáng
不平衡，因酸中毒而死亡，

水在常温、常压下是一种无色、无味、透明的液体。

▲水是生命体重要的组成部分。　　　▲自然界中水存在的形式多种多样。

但华安列克为什么能健康如常呢？在他的身体内部是不是存在着一种特殊的物质而产生体内必需的水从而达到酸碱平衡呢？还是因为他的身体可以从空气中吸收水分从而补充体内必需的水？

依目前的科学水平，人们还无法真正了解华安列克"滴水不喝"却健康如常的原因。

水的重要性

生命离不开水，没有食物，人可以活过三周，但是没有水，人活不过三天。水在生命演化中起到了十分重要的作用。它是中国古代的五行之一，也是西方古代四元素说其中之一。

持续一年的打嗝

ZOUJIN AOMI SHIJIE

▲打嗝是一种常见的生理现象。

duō shù de dǎ gé fā zuò qǐ lai bìng méi nà
多数的打嗝发作起来并没那

me yán zhòng yòng gè zhǒng mín jiān fāng fǎ jǐ fēn
么严重，用各种民间方法几分

zhōng jiù kě yǐ zhì hǎo hē shuǐ biē qì pāi dǎ
钟就可以治好（喝水、憋气、拍打

bèi bù děng dǎ gé shì yóu gé jī shòu dào cì jī
背部等）。打嗝是由膈肌受到刺激

ér chōu chù yǐn qǐ de dàn dǎ gé de jù tǐ mù
而抽搐引起的。但打嗝的具体目

dì duō nián lái lián zuì jié chū de yī xué jiā yì gǎn
的多年来连最杰出的医学家亦感

dào kùn huò
到困惑。

▼新生儿的嗝多为良性自限性打嗝。

▼打嗝发生于喉间，声音急而短促。

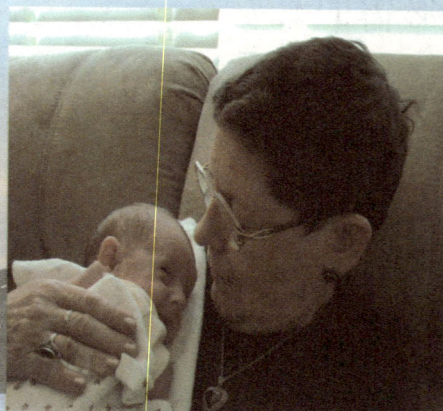

在得克萨斯州，50岁的肖恩·沙弗自从中风之后就不停地打嗝，持续了一年之久。持续打嗝令沙弗十分痛苦，他每天需要注射10次镇痛剂或者催吐才能得到些许的缓解。2004年，他在路易斯安那州立大学进行了开拓性的手术，使用了一种叫做迷走神经刺激器的装置，这种装置能控制对神经的刺激。植入的装置一启动，沙弗的打嗝就停止了。

原因

打嗝是因为膈肌痉挛收缩而引起的。

打嗝的预防

打嗝通常与胃消化动力不足有关，因此在吃饭时，注意少食多餐，不要吃过于甜和辛辣的食物，产气过多的食物也要少食。

治疗打嗝的方法

治疗打嗝的方法有很多种，如深呼吸法、喝水弯腰法、屏气法、惊吓法、舌下放糖法、伸拉舌头法、喷嚏止嗝法等。

皮肤脱落的女子

ZOUJIN AOMI SHIJIE

两面性

现如今，人造皮肤的使用对挽救人的生命有重大意义。它大大提高了重度烧伤病人的存活率，但其也存在一定的负面作用。

最新的研究成果

美国宇航局的科学家研制出了一种新型人造皮肤，被称为机器人皮肤。这种皮肤能够使机器人像人类一样拥有触觉。

2003年12月初，赛拉因鼻窦感染而接受了为期10天的抗生素常规治疗，治疗刚结束，她的脸上就开始出现轻微水肿并变色。一天之后，赛拉全身的皮肤都开始脱落。

赛拉遭受的是罕见而严重的变态反

人造皮肤

人造皮肤是人工研制的一种皮肤代用品。

应，由于患者全身都产生反应，所以皮肤全部都脱落了。医生在赛拉的全身覆盖上一层特制的皮肤替代品。用这种人工皮肤包裹了48小时之后，赛拉的体表形成了密封层，这就避免了感染，并有利于皮肤的愈合。

不到一个星期，赛拉自己的皮肤就长了出来。几个星期之后，开始逐渐去掉人工皮肤，好让新皮肤代替它。赛拉很快就痊愈了，她被公认为是第一个幸存的中毒性表皮坏死症患者。

皮肤的更新

人的皮肤完全更换一次，大约需要60天。

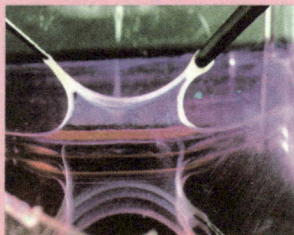

人造皮肤的构成

人造皮肤有两层，可分为表层和里层。表层由硅橡胶薄膜制成，里层是一种特殊的培养基。

研究历史

医学家们一直都在寻找一种皮肤的替代品。

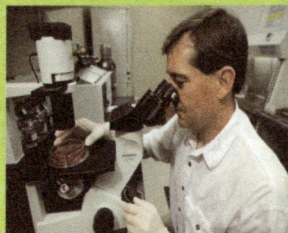

人造皮肤的作用

人造皮肤可用来修复、代替受到缺损的皮肤组织。

奇怪的石头女和钻石女

ZOUJIN AOMI SHIJIE

美杜莎是希腊神话中令人恐怖的女妖，她有一种可怕的妖术，她能把看过她双眼的人瞬间变成一块石头。

然而大千世界，无奇不有。神话中的故事在现今社会真的有可能会变成真实的惨剧。美国就有一个悲剧的女性，她没见过"美杜莎"，但她的身体真的就要变成毫无用处的石头了。她叫拉巴芝，她患了一种极罕见的皮肤器官硬化症。她的手摸起来就像一个石雕的手，手指生硬得像一只可怕的爪钩，她的脸也像戴了面具一般生硬。医生检查

▲希腊神话中的美杜莎形象。

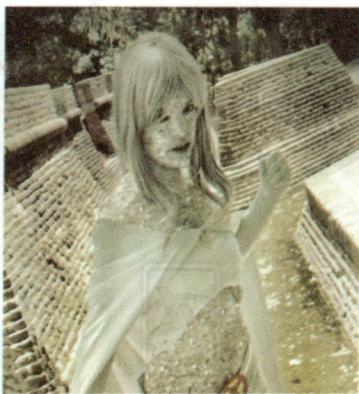
▲身上长满钻石的女人。

还发现，她的心脏、大小肠、肺脏等器官也逐渐硬化成石头般的东西。并且时至今日，医学界对这种奇怪的硬化病变仍然束手无策。

美国旧金山市有一位叫贝佛莉的妇女，她的奇特之处在于，她的脚趾甲上长出可以制成钻石的重要物质——碳形水晶。这种坚硬的物质只能用特制的切割器才能切除。

美杜莎

在希腊神话中，美杜莎原本是一位美丽的少女，后来因为与海神波塞冬私自约会，又自恃貌美得罪了智慧女神雅典娜，雅典娜一怒之下将美杜莎的头发变成了毒蛇。

听觉的离奇丧失和恢复

ZOUJIN AOMI SHIJIE

2004年 4月的一天，21岁的埃玛·哈塞尔在洗澡时突然丧失了听觉，医生给她做了全面的检查，确认她已经完全失去了听力。后来有一天，当她得知自己怀孕的消息后，埃玛情绪异常激动。几个小时后，埃玛在看电视时无意中发现自己渐渐地能听到电视中的声音了。

▲声波通过介质传播到外耳道。

▼听觉是重要的感觉器官。　▼人类的听觉范围是有限的。　▼声波是由赫兹来度量的。

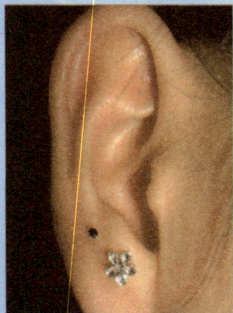

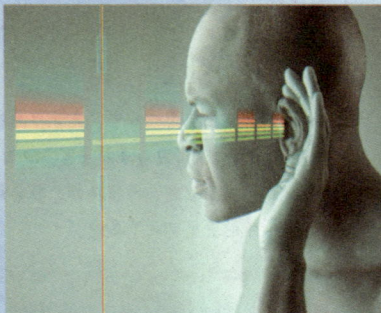

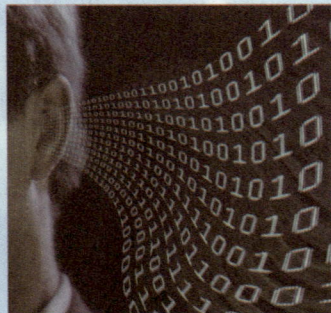

^{wǒ dān xīn shì xīn lǐ zuò yòng dǎo de guǐ wǒ}
"我担心是心理作用捣的鬼。我

^{shì zhe qiāo dǎ shǒu zhǐ kàn néng bu néng tīng dào rán hòu}
试着敲打手指，看能不能听到，然后

^{hái gěi nán yǒu dǎ le diàn huà zhè gèng jiā zhèng shí le}
还给男友打了电话，这更加证实了

^{wǒ de kàn fǎ wǒ xiāng xìn zhè shì zhēn de jǐn guǎn xī}
我的看法，我相信这是真的，尽管希

^{wàng kāng fù dàn zhè hái shi tài chū rén yì liào le}
望康复，但这还是太出人意料了。

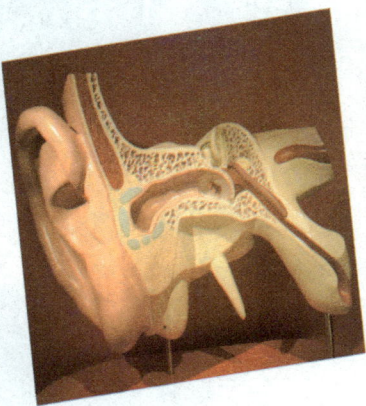

▲ 复杂的耳部结构。

^{jǐn guǎn āi mǎ hé zhuān jiā yí yàng duì tīng jué de hū rán sàng shī yòu hū rán huī fù}
尽管埃玛和专家一样对听觉的忽然丧失又忽然恢复

^{gǎn dào mí huò dàn tā jiān xìn shì xīn lǐ shǐ rán mù qián duì tā de ěr lóng hái méi yǒu míng}
感到迷惑，但她坚信是心理使然。目前对她的耳聋还没有明

^{què de jiě shì hái yǒu tā huī fù tīng jué huì bu huì hé dé zhī huái yùn shí de xīn xǐ yǒu}
确的解释，还有她恢复听觉会不会和得知怀孕时的欣喜有

^{guān yě tóng yàng bù néng què dìng}
关也同样不能确定。

保护听力

　　为了保护我们的耳朵健康，我们要定期对耳朵进行检查。

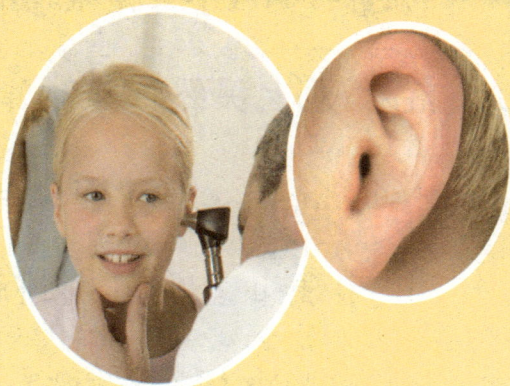

听力范围

　　人的耳朵能感受到的声波频率范围是16~2 0000赫兹。随着年龄的增长，人的听觉范围会越来越小。

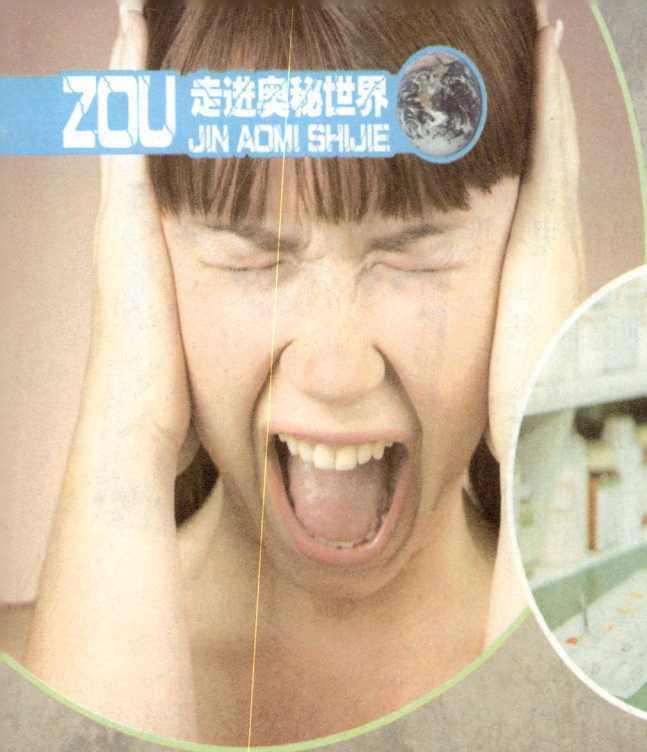

奇怪的"塔兰泰拉病"

ZOUJIN AOMI SHIJIE

塔兰泰拉病通常发生在夏季最热的时候。病人不管是正在睡梦中还是醒着，都会突然像被蜜蜂蜇了似的一下子跳起来，然后冲到屋外，跑到街上，在集市上疯狂地跳起舞来。

这些病人跳舞一般要跳4至6天，极

病因	治疗方法	原理
塔兰泰拉病源于一种叫塔兰泰拉的蜘蛛。	音乐和舞蹈是治好塔兰泰拉病的唯一方法。	疯狂地跳舞会使病人的全身大汗淋漓，从而使毒素排出。

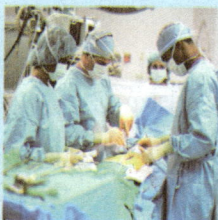

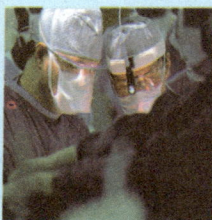

个别的要跳两个星期，甚至是一年。通常，他们从太阳升起的时候就开始跳，一直跳到晚上，这样一连数日，直到病人精疲力竭，病情才算暂时好转。

但是令人费解的是，到了18世纪，塔兰泰拉病却像神话一样突然消失了，因此许多人怀疑塔兰泰拉病是否存在过。但是，据史料记载，这种怪病的确存在过，然而持续产生这种怪病的原因是什么，又为什么会突然消失了，这些至今仍是一个未解之谜。

最可怕的病

ZOUJIN AOMI SHIJIE

在非洲尼日利亚的一个叫"拉沙"的村子里发现了患"拉沙热"病的人，开始时病人背部剧烈疼痛，然后扩展到胸部，体温不断升高，口中布满黄色小脓包，白血球大量减少，血液凝固，失去循环能力，两只胳膊上出现大块的紫色斑块，最后窒息死亡。

研究人员曾提取"拉沙热"病患者的血样进行化验分

威利宁
利巴韦林片

成 份：利巴韦林

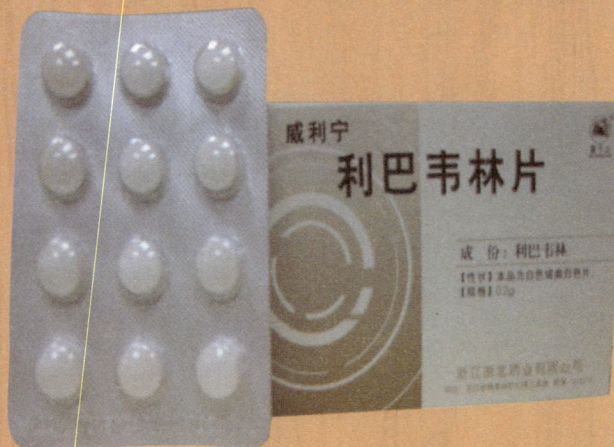

抗病毒药利巴韦林是对拉沙热最有效的治疗。但尚无证据证明利巴韦林对拉沙热有预防性的作用。

析,发现血小板上有许多像衣服被虫蛀了一样的小孔。

"拉沙热"病菌在显微镜下被放大10万倍进行观察,发现它外形像网球,周围有很细很细的绒毛,样子十分恐怖。然而令人遗憾的是:几位研究人员在试验中也不同程度地受到感染,相继死亡。

目前,对于"拉沙热"病,人们只知道它是病毒引起的急性传染病,主要通过非洲一种多乳头家鼠的唾液污染食物、水源和谷物来进行

◀拉沙热病毒为渐进性发病。

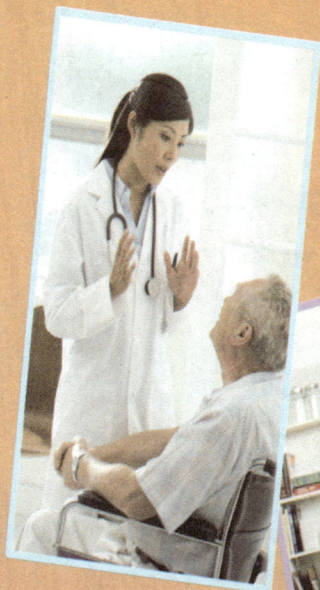

性质
拉沙热是一种传染性极强的病毒。

105

chuán bō　 rén chī le huò jiē chù le zhè xiē wù pǐn jiù huì bèi gǎn rǎn

传播，人吃了或接触了这些物品就会被感染。

gèng lìng rén yí huò bù jiě de shì： dé "lā shā rè"

更令人疑惑不解的是：得"拉沙热"

bìng de dōu shì bái zhǒng rén　 hēi zhǒng rén suī yǒu jiē chù　 què

病的都是白种人，黑种人虽有接触，却

bú shòu chuán rǎn。　 yuán yǐ wèi huáng zhǒng rén huò xǔ yě kě néng

不受传染。原以为黄种人或许也可能

拉沙热症状

感染拉沙热的人中，80%的人为无症状，其余感染者为严重的多系统疾病。感染初期症状与流感十分类似。

拉沙热的死亡率

在西非，每年都会有 30 万~50 万人感染拉沙热病毒。而在这些人中，又大约会有 5 000 人死于此病。

高危人员

拉沙热病毒的高危人员是生活在农村地区的人。

难以诊断

由于拉沙热的症状不尽相同，导致很难进行临床诊断。

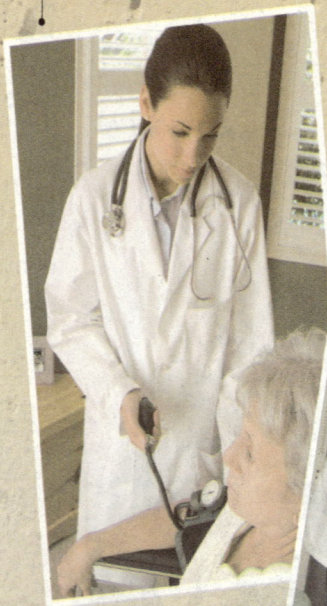

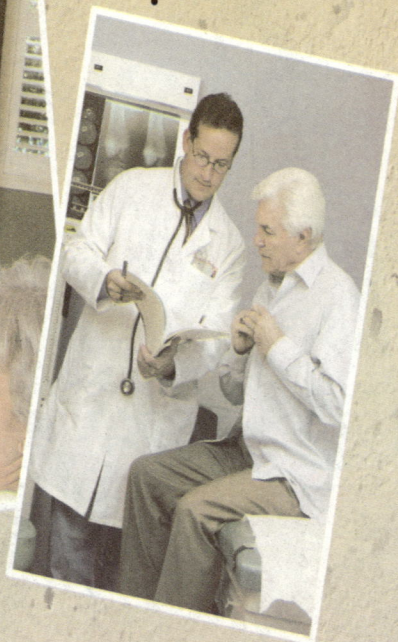

▲ 为了尽快找到治疗拉沙热病毒的方法，医学家们始终在实验室对病毒进行诊断分析。

医护人员在接触患者时要避免接触血液和体液。

预防拉沙病要注意良好的环境卫生，将食物和其他用品放在防鼠容器中。

世界卫生组织与其他相关部门已经协作建立了马诺河联盟拉沙热网络。

xìng miǎn，rán ér qián bù jiǔ rì běn héng bīn yě fā xiàn le
幸免，然而前不久日本横滨也发现了

lā shā rè bìng huàn zhě zhè wèi huàn zhě suì tā
"拉沙热"病患者，这位患者49岁，他

céng zài fēi zhōu gōng zuò guo yīn cǐ rǎn shàng le cǐ bìng
曾在非洲工作过，因此染上了此病。

lā shā rè bìng de chuán rǎn xìng jí dà dàn zhì jīn yī
"拉沙热"病的传染性极大，但至今医

xué zhuān jiā duì tā réng shù shǒu wú cè
学专家对它仍束手无策。

107

口吃之谜

ZOUJIN AOMI SHIJIE

nián qián měi guó ài hé huá dà xué de yuē hàn sēn
50年前美国爱荷华大学的约翰森

jiào shòu dì yī cì duì kǒu chī zhè yì cháng jiàn xiàn xiàng jìn
教授第一次对口吃这一常见现象进

xíng le xì tǒng yán jiū bìng tí chū le yì zhǒng guān diǎn
行了系统研究，并提出了一种观点：

kǒu chī shì rén zài ér tóng shí qī mó fǎng kǒu chī zhě jiǎng huà
口吃是人在儿童时期模仿口吃者讲话

xué lái de ér yǔ shén jīng hé shēng lǐ shī tiáo wú guān
学来的，而与神经和生理失调无关。

▼因口吃而难过的小女孩儿。

fú luò yī dé jīng shén fēn xī xué pài de zhuān jiā men
弗洛伊德精神分析学派的专家们

xiāng xìn rén zài jǐn zhāng jiāo lǜ de qíng kuàng xià shuō chū de
相信，人在紧张焦虑的情况下说出的

产生原因

造成口吃的原因是多方面的：1.生理原因，有
人认为口吃与遗传有关。2.心理原因，精神原因也
是引起口吃的主要原因。3.语言中枢发育不良或
受到损坏。4.生理原因。5.模仿和暗示。

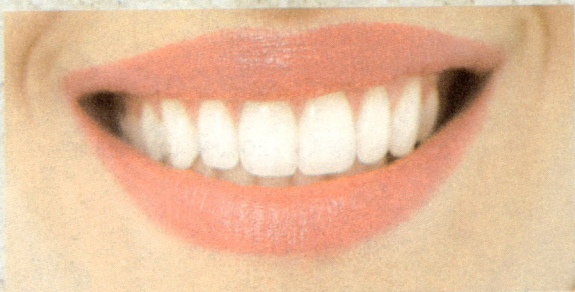

▲ 口吃是一种语言缺陷。

▲ 迄今为止，人们还没有找到治疗口吃的有效方法。

huà yǔ shì shòu zǔ ài de huì yù dào tíng dùn yīn cǐ tā men rèn
话语是受阻碍的，会遇到停顿。因此，他们认

wéi kǒu chī shì yì zhǒng jīng shén xìng jí bìng dàn shì dà duō shù kǒu
为，口吃是一种精神性疾病。但是大多数口

chī zhě zài jiē shòu le jīng shén liáo fǎ zhì liáo hòu wú rèn hé xiào guǒ
吃者在接受了精神疗法治疗后无任何效果。

zuì xīn yán jiū biǎo míng kǒu chī yǔ jiā tíng yīn sù yǒu guān
最新研究表明，口吃与家庭因素有关。

yǒu zhèng jù biǎo míng bú shì kǒu chī běn
有证据表明，不是口吃本

shēn jù yǒu yí chuán xìng ér shì zhè xiē
身具有遗传性，而是这些

jiā tíng chéng yuán de qīng xiàng xìng huò yì gǎn xìng shǐ tā men róng
家庭成员的倾向性或易感性使他们容

yì biàn chéng kǒu chī zhě yán jiū biǎo míng kǒu chī de xíng chéng
易变成口吃者。研究表明，口吃的形成

kě néng shì yóu duō fāng miàn de yuán yīn zào chéng de dàn jiū
可能是由多方面的原因造成的。但究

jìng shì nǎ xiē yīn sù zào chéng le kǒu chī ne
竟是哪些因素造成了口吃呢？

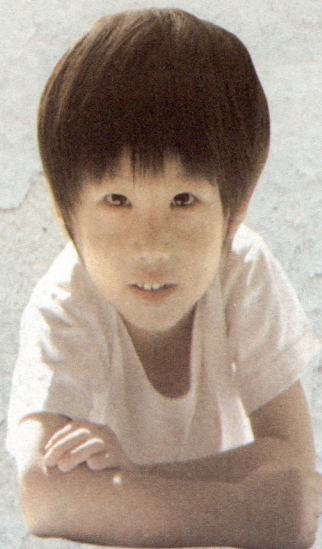

109

美丽的人鱼

ZOUJIN AOMI SHIJIE

yǒu guān měi rén yú de chuán shuō cóng gǔ dài
有关美人鱼的传说从古代

yì zhí liú chuán zhì jīn rén men yì zhí dōu zài cāi
一直流传至今，人们一直都在猜

cè zhe měi rén yú de wài xíng hé róng mào shèn zhì
测着美人鱼的外形和容貌，甚至

hěn duō rén rèn wéi měi rén yú jiù shēng huó zài máng
很多人认为美人鱼就生活在茫

máng de hǎi yáng zhōng ér qiě yǒu rén zì chēng kàn
茫的海洋中，而且有人自称看

jiàn le měi rén yú zhè wèi měi rén yú de cún zài
见了美人鱼，这为美人鱼的存在

tí gōng le zuǒ zhèng
提供了佐证。

挪威华西尼西亚
大学的莱尔·华格纳
博士指出：新几内亚
有几十个人曾目睹人
鱼出没，这些目击者
说人鱼的头部和上身与
女人很相似，长长的头
发，光滑的肌肤，可
下半身却像海豚。

20世纪80年代，

一位美国记者曾报道：一个叫佑治·尼巴的渔夫在亚马孙河口打渔时，捕获了一条人鱼，由于当地渔民对传说中的美人鱼既尊敬又畏惧，而且美人鱼也没有对当地人构成什么威胁，所以渔夫就把美人鱼放走了。英国海洋生物学家安利四汀·夏特博士认为，美人鱼和人类一样，也是从人猿进

huà lái de　　dì qiú biǎo miàn céng jīng jǐ hū wán quán bèi hǎi yáng fù gài　　nà yì shí qī de
化来的。地球表面曾经几乎完全被海洋覆盖，那一时期的

rén yuán bù dé bù shì yìng hǎi yáng zhōng de shēng huó　　jīng guò yí duàn shí jiān de jìn huà　　hǎi
人猿不得不适应海洋中的生活，经过一段时间的进化，海

yáng zhōng de rén yuán jìn huà jiù　jìn huà chéng le měi rén yú　dàn zhè hái zhǐ
洋中的人猿进化就进化成了美人鱼，但这还只

shì cāi cè
是猜测。

神秘的催眠术

ZOUJIN AOMI SHIJIE

很催眠术是一项古老而又充满活力的心理调整技艺,催眠者通过特殊的诱导方法使被催眠者进入似睡非睡的状态中,在这种状态下,被催眠者的反抗意识比较薄弱,而潜意识则比较活跃。催眠状态中的人的知觉、情感、思维和意志等心理活动都和催眠师的引导有着密切的关系。

bèi cuī mián de rén suī rán biǎo miàn kàn shàng qù xiàng shì
被催眠的人虽然表面看上去像是

shuì zháo le dàn shí jì shang bèi cuī mián de rén yǔ shuì mián háo
睡着了，但实际上被催眠的人与睡眠毫

bù xiāng gān bèi cuī mián hòu rén duì àn shì yǒu hěn mǐn gǎn
不相干，被催眠后，人对暗示有很敏感

de fǎn yìng yī shēng shèn zhì fā xiàn jiē shòu cuī mián zhì liáo
的反应。医生甚至发现，接受催眠治疗

de bìng rén de shāng kǒu néng gòu gèng kuài yù hé zhè zhēn shì
的病人的伤口能够更快愈合，这真是

tài shén qí le
太神奇了！

无须进食也能成长的人

ZOUJIN AOMI SHIJIE

人们都知道，如果长时间不吃东西，体内能量供应不足，就会导致身体虚弱，更严重的甚至会有生命危险。然而现实生活中却有些事情让我们感到非常惊奇！

在我国湖北省有一个奇特的女子，她十多岁时患上一

牛奶的营养成分很高，可以补充人体每天所需要的矿物质。

面包是高热量的碳水化合物食品，营养价值很高。

蔬菜

蔬菜营养丰富，是人们饮食中的重要食物。

食物来源

食物主要来源于自然界可以直接或者间接食用的自然资源。

种怪病，喉咙咽不下东西。后来，她的病逐渐痊愈了，她却从此以后再也不吃任何东西，只是每隔一段时间会去医院注射葡萄糖。而她的身体发育完全正常。

人们不禁由衷地发出感叹，她究竟是靠什么来维持生存呢？医学界也对此事百思不得其解。

这其中究竟隐含着怎样的原因呢？究竟是什么物质能够使人不吃东西也能正常生长发育呢？这个谜还有待于人们的不断探索。

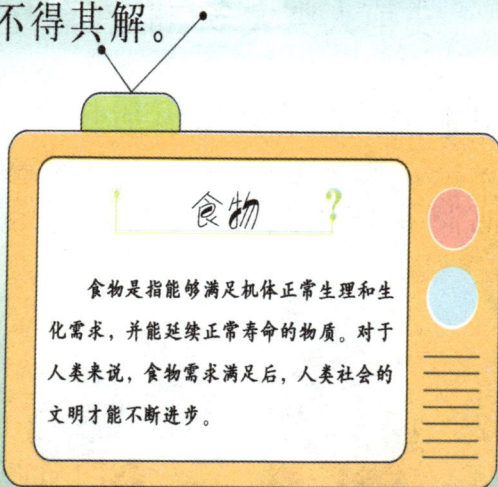

食物 ?

食物是指能够满足机体正常生理和生化需求，并能延续正常寿命的物质。对于人类来说，食物需求满足后，人类社会的文明才能不断进步。

肉类

肉类中还有丰富的营养物质，对于成长中的孩子尤为重要。

菜肴

随着生活水平的提高，百姓餐桌上的菜肴越来越丰富。

史前的人类

shǐ qián shí qī，rén lèi gè mín zú dōu yǐ yóu mù de shēng huó fāng shì wéi zhǔ，tā
史前时期，人类各民族都以游牧的生活方式为主，他

men zài yí gè dì fāng dìng jū shù yuè huò shù nián hòu，jiù qiān xǐ dào xià yí gè dì fāng，kāi
们在一个地方定居数月或数年后，就迁徙到下一个地方，开

shǐ xīn de shēng huó
始新的生活。

shǐ qián rén lèi dà duō jū zhù zài xuán yá xià huò
史前人类大多居住在悬崖下或

shān dòng zhōng，zhǐ yǒu zài méi yǒu jū zhù chǎng suǒ shí
山洞中，只有在没有居住场所时，

tā men cái huì zài kōng kuàng de dì fāng jiàn zào yǒng jiǔ
他们才会在空旷的地方建造永久

性住所。

远古人类不但学会了使用石器，还发明了弓箭，用来打猎，虽然经历了漫长的几千年，但史前人类的生活并没有太大的改变。到第四纪冰川时代结束时，史前人类的生活发生了巨大的变化：他们决定在一个地方定居下来，不再四处游牧了。

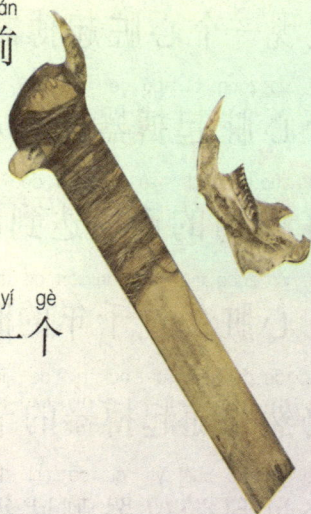

两千五百年前的心脏起搏器

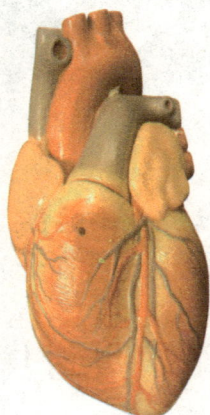

最近，人们在一具木乃伊的心脏附近发现一个心脏起搏器。医生清晰地听到这个心脏起搏器促使心脏跳动的声音，心脏跳动的速度达到80次/分。虽然木乃伊的心脏经过千年的时间早已干枯了，但它仍然跟随起搏器的节奏而跳动，2 500年一直都未改变过。经过科学仪器测试得知，这个心脏起搏器是用黑色水晶制造的，黑色水晶内含有一种放射性的物

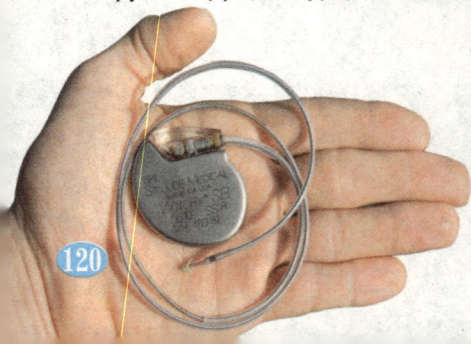

起搏器

起搏器是可以向心脏发出轻微而有归路的电脉冲，刺激心脏跳动的一套起搏系统，它是现代医学的一项重要发明，能够有效治疗心率失常等心脏病。

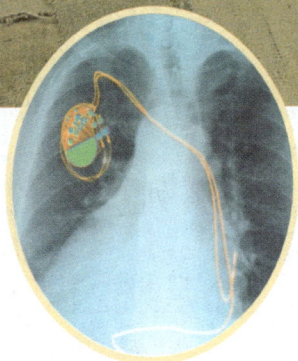

zhì   gù ér néng gòu cù shǐ xīn zàng bù duàn de tiào dòng
质,故而能够促使心脏不断地跳动。

nián qián de xīn zàng qǐ bó qì yī rán bǎo chí
2 500年前的心脏起搏器依然保持

gōng zuò zhuàng tài de jīng rén fā xiàn zhèn jīng le quán shì jiè   méi yǒu yí gè xué zhě zhī dao
工作 状 态的惊人发现震惊了全世界。没有一个学者知道

zhè kuài hēi sè shuǐ jīng dào dǐ cóng hé ér lái   cǐ wài   shǐ
这块黑色水晶到底从何而来。此外,使

zhuān jiā xué zhě yí huò bù jiě de shì   gǔ
专家学者疑惑不解的是,古

āi jí rén shì zěn yàng jiāng hēi sè shuǐ jīng fàng
埃及人是怎样将黑色水晶放

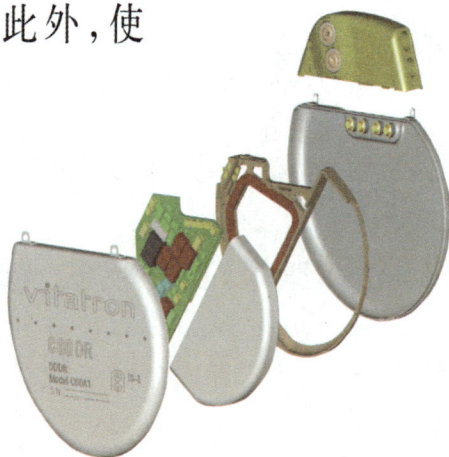

jìn mù nǎi yī de xiōng qiāng lǐ qù de ne
进木乃伊的胸腔里去的呢?

英国困惑百年的"恶魔杰克"

ZOUJIN AOMI SHIJIE

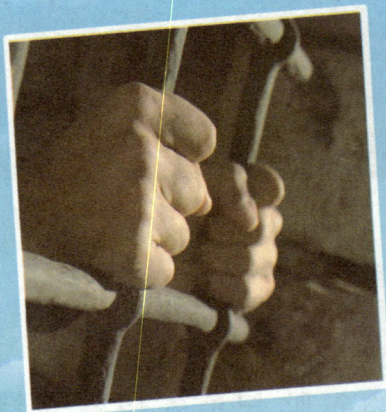

据英国的资料记载，1888年秋天，在英国伦敦怀特查普尔的贫民区里发生了一系列严重的凶杀案，凶手在10个星期之内以残酷的手法连续杀害了6名妓女。凶手的杀人手法十分残忍，人们称其为"恶魔杰克"。

警方根据几个证人的证词，在通缉令中对"恶魔杰克"这样描述：30岁男子，身高170厘米，白色皮肤，浅色胡须，中等身材，戴着舌布帽，外表像水手。

凶器

经过努力，警方已经找到"恶魔杰克"使用的凶器。

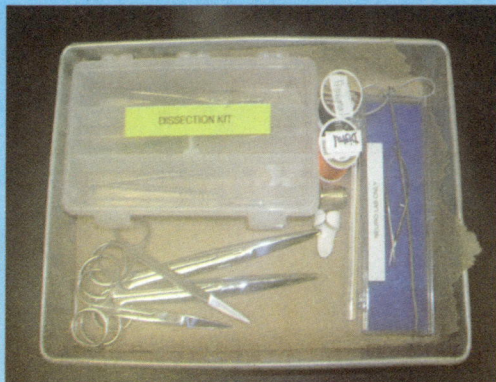

yī bǎi duō nián lái　　rén men réng zài wú xiū zhǐ de cāi cè、tuī duàn dàn　ě mó
一百多年来，人们仍在无休止地猜测、推断，但"恶魔

jié kè　jiū jìng shì shéi réng wú dá àn　yě xǔ dá àn yǒng yuǎn wú fǎ zhī dao　kě shì xián
杰克"究竟是谁仍无答案，也许答案永远无法知道，可是嫌

yí fàn què suí shí jiān de tuī yí ér yuè lái yuè duō
疑犯却随时间的推移而越来越多……

mù qián　yǒu guān　ě mó jié kè　xiōng shā àn de suǒ yǒu dàng àn dōu fēng cún zài sū
　　目前，有关"恶魔杰克"凶杀案的所有档案都封存在苏

gé lán le
格兰了。

恐慌

"恶魔杰克"出现后，人们议论纷纷，普通民众
中的恐慌情绪也在不断增加，人们甚至谈"恶魔杰
克"而色变，生怕自己成为受害者。

123

死而复生的人
ZOUJIN AOMI SHIJIE

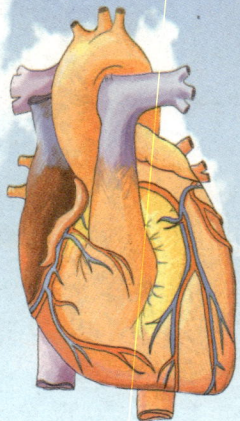

一个小男孩儿因肺部感染，救治无效死亡，两天后又奇迹般地活了过来。一个24岁的俄罗斯女孩儿在沉睡了38年后醒了过来，但在12天后忽然从一个年轻的姑娘变成了一个满脸皱纹的老太婆。21天后，她突然离世，给人们留下了一个解不开的谜题。

一支登山队在冰层中发现一具尸体，结果尸体竟活了过来。他在冰层里睡了69年，现在已经超过90岁了，但是，他的样貌、身体都很年轻。

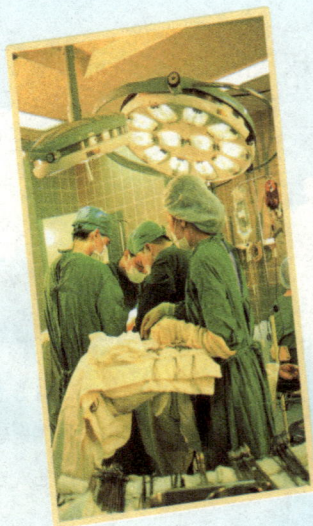

更为惊奇的事情是，被冰封了1 000年的一个爱斯基摩家庭竟然也能够复活。科学家们把他们安置在一间特意仿制的爱斯基摩小屋里，每天给他们提供鲜鱼和鲸脂。

▲死而复生这种充满奇幻色彩的事，在现实生活中竟真的发生了。

世界上死人复活，植物人苏醒的事件非常多，但人们对于其中的奥秘还是一知半解。

▼现代医学如果解开了人死而复生的谜，人类或许能够更长寿。

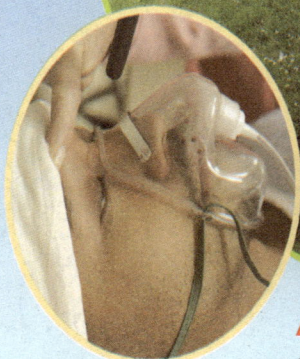

偶然现象 ?

死而复生的人大多因不平凡的经历而使自己的身体被封存起来，或是进入休眠的状态，这才使他们有苏醒的可能，所以，死而复生只是偶然。

人类 何时诞生之谜

ZOUJIN AOMI SHIJIE

huí shǒu màn cháng de rén lèi jìn huà shǐ rén lèi
回首漫长的人类进化史,人类

tà zhe jiān shí de fā zhǎn bù fá yí lù zǒu lái dàn
踏着坚实的发展步伐一路走来,但

shì zhì jīn rén lèi xué jiā hái bù néng duàn dìng rén lèi
是至今,人类学家还不能断定人类

jiū jìng shì hé shí dàn shēng de
究竟是何时诞生的。

zhōng guó de lì shǐ xué jiā jīng guò duì běi jīng
中国的历史学家经过对北京

yuán rén huà shí de yán jiū rèn wéi rén lèi yǐ jīng yǒu wàn nián de jìn huà
猿人化石的研究,认为人类已经有50万年的进化

lì shǐ ér guó wài de shǐ xué jiā gēn jù zhǎo
历史,而国外的史学家根据"爪

wā yuán rén huà shí hé tǎn sāng ní yà dōng fēi
哇猿人"化石和坦桑尼亚"东非

rén huà shí tuī duàn rén lèi dàn shēng yú
人"化石推断,人类诞生于

wàn nián qián
300～500万年前。

nián měi guó yǔ
1984年,美国与

kěn ní yà de kǎo gǔ xué jiā
肯尼亚的考古学家

zài kěn ní yà fā jué chū de
在肯尼亚发掘出的

yí kuài gǔ rén lèi è gǔ huà
一块古人类颚骨化

shí zhèng míng rén lèi de dàn shēng lì shǐ zhì shǎo yǐ jīng yǒu wàn nián
石证明,人类的诞生历史至少已经有500万年。

jǐn guǎn duì yú rén lèi de chū xiàn shí jiān yǒu duō zhǒng
尽管对于人类的出现时间有多种

tuī duàn dàn hái méi yǒu mǒu zhǒng shuō fǎ néng gòu chéng
推断,但还没有某种说法能够成

wéi dìng lùn
为定论。

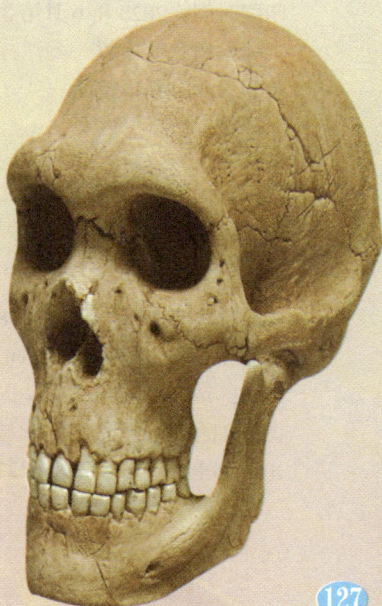

图书在版编目（ＣＩＰ）数据

令孩子着迷的人类奥秘传奇 / 雨田主编 . — 沈阳：
辽宁美术出版社，2018.7（2023.6重印）

（走进奥秘世界）

ISBN 978-7-5314-8082-2

Ⅰ . ①令… Ⅱ . ①雨… Ⅲ . ①人类学—青少年读物
Ⅳ . ① Q98-49

中国版本图书馆 CIP 数据核字 (2018) 第 146503 号

出 版 社：辽宁美术出版社
地　　址：沈阳市和平区民族北街 29 号　邮编：110001
发 行 者：辽宁美术出版社
印 刷 者：北京一鑫印务有限责任公司
开　　本：650mm×950mm　1/16
印　　张：8
字　　数：93 千字
出版时间：2018 年 7 月第 1 版
印刷时间：2023 年 6 月第 3 次印刷
责任编辑：彭伟哲
装帧设计：新华智品
责任校对：郝　刚
ISBN 978-7-5314-8082-2

定　　价：39.80 元

邮购部电话：024-83833008
E-mail：lnmscbs@163.com
http：//www.lnmscbs.com
图书如有印装质量问题请与出版部联系调换
出版部电话：024-23835227

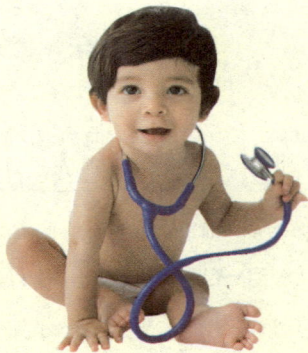